Hypergéométrie et Fonction Zêta
de Riemann

of the
American Mathematical Society

Number 875

Hypergéométrie et Fonction Zêta de Riemann

C. Krattenthaler
T. Rivoal

2000 *Mathematics Subject Classification.* Primary 11J72; Secondary 11J82, 33C20.

Library of Congress Cataloging-in-Publication Data

Krattenthaler, C. (Christian), 1958–
  Hypergéométrie et fonction zêta de Riemann / V. Krattenthaler et T. Rivoal.
    p. cm. — (Memoirs of the American Mathematical Society, ISSN 0065-9266 ; no. 875)
  "Volume 186, number 875 (end of volume)."
  Includes bibliographical references.
  ISBN-13: 978-0-8218-3961-4 (alk. paper)
  ISBN-10: 0-8218-3961-6 (alk. paper)
  1. Hypergeometric series.. 2. Functions, Zeta. 3. Transcendental numbers. I. Rivoal, T. (Tanguy), 1972– II. Title.
QA353.H9K73   2007
515′.243—dc22   2006047930

Memoirs of the American Mathematical Society

This journal is devoted entirely to research in pure and applied mathematics.

Subscription information. The 2007 subscription begins with volume 185 and consists of six mailings, each containing one or more numbers. Subscription prices for 2007 are US$649 list, US$519 institutional member. A late charge of 10% of the subscription price will be imposed on orders received from nonmembers after January 1 of the subscription year. Subscribers outside the United States and India must pay a postage surcharge of US$38; subscribers in India must pay a postage surcharge of US$43. Expedited delivery to destinations in North America US$53; elsewhere US$130. Each number may be ordered separately; *please specify number* when ordering an individual number. For prices and titles of recently released numbers, see the New Publications sections of the *Notices of the American Mathematical Society*.

Back number information. For back issues see the *AMS Catalog of Publications*.

Subscriptions and orders should be addressed to the American Mathematical Society, P. O. Box 845904, Boston, MA 02284-5904, USA. *All orders must be accompanied by payment.* Other correspondence should be addressed to 201 Charles Street, Providence, RI 02904-2294, USA.

Copying and reprinting. Individual readers of this publication, and nonprofit libraries acting for them, are permitted to make fair use of the material, such as to copy a chapter for use in teaching or research. Permission is granted to quote brief passages from this publication in reviews, provided the customary acknowledgment of the source is given.

Republication, systematic copying, or multiple reproduction of any material in this publication is permitted only under license from the American Mathematical Society. Requests for such permission should be addressed to the Acquisitions Department, American Mathematical Society, 201 Charles Street, Providence, Rhode Island 02904-2294, USA. Requests can also be made by e-mail to reprint-permission@ams.org.

Memoirs of the American Mathematical Society is published bimonthly (each volume consisting usually of more than one number) by the American Mathematical Society at 201 Charles Street, Providence, RI 02904-2294, USA. Periodicals postage paid at Providence, RI. Postmaster: Send address changes to Memoirs, American Mathematical Society, 201 Charles Street, Providence, RI 02904-2294, USA.

© 2007 by the American Mathematical Society. All rights reserved.
This publication is indexed in *Science Citation Index*®, *SciSearch*®, *Research Alert*®, *CompuMath Citation Index*®, *Current Contents*®/*Physical, Chemical & Earth Sciences*.
Printed in the United States of America.

∞ The paper used in this book is acid-free and falls within the guidelines established to ensure permanence and durability.
Visit the AMS home page at http://www.ams.org/

10 9 8 7 6 5 4 3 2 1   12 11 10 09 08 07

Table des matières

Remerciements	ix
Chapitre 1. Introduction et plan de l'article	1
Chapitre 2. Arrière plan	3
2.1. Le Théorème d'Apéry	3
2.2. L'indépendance linéaire d'une infinité de ζ impairs et la transcendance de π	5
2.3. À la recherche d'un irrationnel parmi $\zeta(5)$, $\zeta(7)$, etc.	6
2.4. La conjecture des dénominateurs	7
2.5. Les intégrales de Vasilyev	9
Chapitre 3. Les résultats principaux	11
Chapitre 4. Conséquences diophantiennes du Théorème 1	13
Chapitre 5. Le principe des démonstrations des Théorèmes 1 à 6	15
Chapitre 6. Deux identités entre une somme simple et une somme multiple	19
Chapitre 7. Quelques explications	23
Chapitre 8. Des identités hypergéométrico-harmoniques	27
Chapitre 9. Corollaires au Théorème 8	37
Chapitre 10. Corollaires au Théorème 9	39
Chapitre 11. Lemmes arithmétiques	43
Chapitre 12. Démonstration du Théorème 1, partie i)	55
Chapitre 13. Démonstration du Théorème 1, partie ii)	59
Chapitre 14. Démonstration du Théorème 3, partie i), et des Théorèmes 4 et 5	63
Chapitre 15. Démonstration du Théorème 3, partie ii), et du Théorème 6	67
Chapitre 16. Encore un peu d'hypergéométrie	75
Chapitre 17. Perspectives	79
17.1. Les séries asymétriques de Zudilin	79
17.2. La conjecture des dénominateurs liée aux valeurs de la fonction beta	80
17.3. La q-conjecture des dénominateurs	81

17.4. La version non-terminée des identités gigantesques 81

Bibliographie 85

Abstract

We prove the second author's "denominator conjecture" [**40**] concerning the common denominators of coefficients of certain linear forms in zeta values. These forms were recently constructed to obtain lower bounds for the dimension of the vector space over $\mathbb{Q}$ spanned by $1, \zeta(m), \zeta(m+2), \ldots, \zeta(m+2h)$, where m and h are integers such that $m \geq 2$ and $h \geq 0$. In particular, we immediately get the following results as corollaries: at least one of the eight numbers $\zeta(5), \zeta(7), \ldots, \zeta(19)$ is irrational, and there exists an odd integer j between 5 and 165 such that 1, $\zeta(3)$ and $\zeta(j)$ are linearly independent over $\mathbb{Q}$. This strengthens some recent results in [**41**] and [**8**], respectively. We also prove a related conjecture, due to Vasilyev [**49**], and as well a conjecture, due to Zudilin [**55**], on certain rational approximations of $\zeta(4)$. The proofs are based on a hypergeometric identity between a single sum and a multiple sum due to Andrews [**3**]. We hope that it will be possible to apply our construction to the more general linear forms constructed by Zudilin [**56**], with the ultimate goal of strengthening his result that one of the numbers $\zeta(5), \zeta(7), \zeta(9), \zeta(11)$ is irrational.

Résumé

Nous démontrons la « conjecture des dénominateurs » du deuxième auteur [**40**] sur le dénominateur commun des coefficients des combinaisons linéaires en les valeurs de la fonction zêta de Riemann, récemment construites pour minorer la dimension de l'espace vectoriel engendré sur $\mathbb{Q}$ par $1, \zeta(m), \zeta(m+2), \ldots, \zeta(m+2h)$, où m et h sont des nombres entiers, $m \geq 2$ et $h \geq 0$. En particulier, comme corollaires immédiats, on obtient l'irrationalité d'au moins un des huit nombres $\zeta(5), \zeta(7), \ldots, \zeta(19)$ et l'existence d'un entier impair j entre 5 et 165 tel que 1, $\zeta(3)$ et $\zeta(j)$ sont linéairement indépendants sur $\mathbb{Q}$, ce qui améliore des résultats de [**41**] et [**8**], respectivement. Nous prouvons également une conjecture connexe, due à Vasilyev [**49**], ainsi qu'une conjecture de Zudilin [**55**] portant sur certaines approximations rationnelles de $\zeta(4)$. Les démonstrations sont basées sur une identité entre une somme simple et une somme multiple, de nature hypergéométrique, due à Andrews [**3**]. Nous espérons que notre construction pourra aussi être appliquée aux combinaisons linéaires plus

---

Received by the editor March 3, 2005.
2000 *Mathematics Subject Classification.* Primary 11J72 ; Secondary 11J82, 33C20.
Key words and phrases. Irrationalité des valeurs de la fonction zêta de Riemann, séries hypergéométriques.

générales construites par Zudilin [**56**], afin d'améliorer son résultat sur l'irrationalité d'au moins un des nombres $\zeta(5), \zeta(7), \zeta(9), \zeta(11)$.

Remerciements

Nous ne saurions assez remercier K. Srinivasa Rao et Michel Waldschmidt d'avoir organisé l'"International Conference on Special Functions" à Chennai (Madras) au mois de septembre 2002. Sans cette conférence, où nous nous sommes rencontrés pour la première fois et où ce travail a débuté, nous n'aurions probablement jamais pris contact. Nous remercions également Wadim Zudilin pour ses commentaires pertinents.

La recherche du premier auteur a été partiellement supportée par la Fondation Autrichienne de la Recherche Scientifique FWF, contrat P12094-MAT, et par le Programme « Accroître le potentiel humain de recherche » de la Commission Européenne, contrat HPRN-CT-2001-00272, "Algebraic Combinatorics in Europe".

CHAPITRE 1

Introduction et plan de l'article

La détermination de la nature arithmétique des valeurs aux entiers impairs $s \geq 3$ de la fonction zêta de Riemann

$$\zeta(s) = \sum_{k=1}^{\infty} \frac{1}{k^s}$$

est un des problèmes parmi les plus difficiles de la théorie des nombres. Pour démontrer les quelques résultats connus (voir les paragraphes 2.1, 2.2 et 2.3), la seule méthode d'attaque disponible consiste à construire, grâce à divers procédés hypergéométriques, des suites de combinaisons linéaires $(S_n)_{n\geq 0}$ en les valeurs de zêta aux entiers $l \in \{2, \ldots, M\}$ et dont les coefficients sont des rationnels, éventuellement nuls :

$$S_n = p_{0,n} + \sum_{l=2}^{M} p_{l,n} \zeta(l).$$

Pour appliquer les critères d'irrationalité ou d'indépendance linéaire, tel le critère de Nesterenko [**30**], il est nécessaire de déterminer un dénominateur commun aux $p_{l,n}$ qui soit *le plus petit possible*. Typiquement, ce dénominateur est la puissance M-ième du plus petit commun multiple des entiers $1, 2, \ldots, n$, que nous notons d_n comme de coutume. Or, dans certaines circonstances (liées à la nature hypergéométrique très spéciale des constructions proposées et résumées par les Conjectures 1, 2 et 3 au paragraphe 2.3), on constate numériquement que ce dénominateur semble être d_n^{M-1}, voire mieux, ce qui permet d'améliorer significativement certains résultats diophantiens sur les valeurs de zêta.

Nous prouvons ici toutes ces conjectures (à un facteur 2 près), ce qui constitue nos Théorèmes 1, 2 et 3 au chapitre 3. De plus, les Théorèmes 4, 5 et 6 dans le même chapitre contiennent même des améliorations dans des cas spéciaux. Les démonstrations de ces théorèmes, données aux chapitres 12 à 15, sont basées sur deux identités hypergéométriques « gigantesques » (une due à Andrews [**3**], l'autre étant une variante), données au chapitre 6, et en fait surtout sur quelques unes de leurs spécialisations, énoncées et démontrées aux chapitres 9 et 10. Avant cela, nous donnons au chapitre 8 quelques identités particulièrement élégantes qui se déduisent de ces identités gigantesques et qui concernent les coefficients « dominants » $p_{M,n}$ des combinaisons linéaires les plus simples que l'on puisse construire. En fait, les identités énoncées à la Proposition 2 ont été le point de départ de ce travail, comme expliqué au chapitre 7, où nous indiquons comment nous est venue l'idée de leur improbable existence et comment elles nous ont mené à comprendre l'importance des identités fondamentales du chapitre 6 (et qu'elles étaient essentiellement connues depuis trente ans). Tous les calculs hypergéométriques des chapitres 6, 7, 8, 15 et 16 ont été faits à l'aide du programme HYP, développé sous *Mathematica* par le premier auteur [**25**][1]. Pour aider le lecteur de comprendre nos démonstrations, nous avons inséré le chapitre 5, où nous expliquons à grands traits l'idée et la structure des démonstrations de nos théorèmes principaux.

Les conséquences diophantiennes de notre travail sur les valeurs de zêta aux entiers impairs sont formulées au chapitre 4. Notons aussi que la preuve, qui nous échappe encore, des versions les plus générales de ces conjectures (voir le paragraphe 17.1) pourrait impliquer l'irrationalité[2] de $\zeta(4) = \pi^4/90$, et surtout celle d'au moins un des trois nombres $\zeta(5)$, $\zeta(7)$ et $\zeta(9)$, bien que nous n'ayons aucune certitude à ce sujet.

Pour souligner davantage le don d'ubiquité des objets hypergéométriques dont nous nous servons, nous ajoutons le chapitre 16, où nous montrons que l'équivalence de la série de Beukers, Gutnik et Nesterenko (2.1) et de la série de Ball (2.5), et celle des séries (2.2) et (2.8) sont des conséquences directes de la transformation de Whipple sous sa version non terminée due à Bailey (une remarque qui n'a apparemment pas été faite auparavant sous cette forme).

Nous terminons notre article en évoquant au chapitre 17 certaines directions de recherche que nous poursuivrons dans l'avenir. Notamment, nous discutons au paragraphe 17.1 des séries plus générales de Zudilin et les raisons pour lesquelles nous pensons que nos méthodes devraient permettre d'attaquer les conjectures associées à ces séries. Aux paragraphes 17.2 et 17.3, nous mentionnons brièvement quelques conjectures portant sur des combinaisons linéaires en les valeurs de la fonction beta et en les valeurs de q-zêta, respectivement, et leurs conséquences possibles. Finalement, au paragraphe 17.4, nous évoquons l'intérêt de l'extension éventuelle de nos identités au cas de séries infinies.

---

[1] Le programme HYP [**25**] permet de faire aisément, et sans faute, des calculs routiniers avec les séries hypergéométriques. Cependant, tous ces calculs peuvent aussi être faits sans problème à la main, sauf que cela impliquerait peut-être plusieurs heures du travail.

[2] certes bien connue, mais uniquement grâce au raccourci lié à la transcendance de π et pas à la Apéry. On obtiendrait ainsi la meilleure mesure d'irrationalité connue de π^4 (voir [**55**]). Pour les meilleures mesures d'irrationalité connues pour π, respectivement $\zeta(2)$ et $\zeta(3)$, voir Hata [**22**], respectivement Rhin et Viola [**37, 38**] : dans les trois cas, les méthodes utilisées sont de nature hypergéométrique.

CHAPITRE 2

Arrière plan

2.1. Le Théorème d'Apéry

La preuve de l'irrationalité de $\zeta(3)$, due à Apéry [6], ne date que de 1978. Sa démonstration, qui fonctionne aussi pour $\zeta(2) = \pi^2/6$, peut être synthétisée ainsi[1] : il existe deux suites $(a_n)_{n\geq 0}$ et $(b_n)_{n\geq 0}$ telles que $a_n \in \mathbb{Z}$, $\mathrm{d}_n^3 b_n \in \mathbb{Z}$ et

$$\lim_{n \to +\infty} |2a_n \zeta(3) - b_n|^{1/n} = (\sqrt{2} - 1)^4,$$

où d_n est le p.p.c.m des entiers $1, 2, \ldots, n$. On conclut en remarquant que, en vertu du théorème des nombres premiers, $\mathrm{d}_n = e^{n+o(n)}$ et que $e^3(\sqrt{2}-1)^4 < 1$. Il existe de nombreuses façons de produire ces suites, par exemple au moyen de la série suivante, due à Beukers, Gutnik et Nesterenko [10], [20], [31] :

$$-\sum_{k=1}^{\infty} \frac{\partial}{\partial k}\left(\frac{(k-n)_n^2}{(k)_{n+1}^2}\right) = 2a_n\zeta(3) - b_n, \tag{2.1}$$

où les symboles de Pochhammer sont définis par $(\alpha)_k = \alpha(\alpha+1)\cdots(\alpha+k-1)$ si $k \geq 1$ et $(\alpha)_0 = 1$. Ici et dans tout cet article, n désigne un entier positif, sauf mention contraire.

De même, dans le cas de $\zeta(2)$, on construit deux suites $(\alpha_n)_{n\geq 0}$ et $(\beta_n)_{n\geq 0}$ telles que $\alpha_n \in \mathbb{Z}$, $\mathrm{d}_n^2 \beta_n \in \mathbb{Z}$ et

$$\lim_{n \to +\infty} |\alpha_n \zeta(2) - \beta_n|^{1/n} = \left(\frac{\sqrt{5}-1}{2}\right)^5.$$

Là aussi, il existe beaucoup de façons de générer ces suites, par exemple au moyen de la série

$$(-1)^n n! \sum_{k=1}^{\infty} \frac{(k-n)_n}{(k)_{n+1}^2} = \alpha_n \zeta(2) - \beta_n. \tag{2.2}$$

Les entiers a_n et α_n peuvent être explicités sous forme binomiale ou hypergéométrique :

$$a_n = \sum_{j=0}^{n} \binom{n}{j}^2 \binom{n+j}{n}^2 = {}_4F_3\left[\begin{array}{c}-n,-n,n+1,n+1\\1,1,1\end{array};1\right] \tag{2.3}$$

et

$$\alpha_n = \sum_{j=0}^{n} \binom{n}{j}^2 \binom{n+j}{n} = {}_3F_2\left[\begin{array}{c}-n,-n,n+1\\1,1\end{array};1\right]. \tag{2.4}$$

---

[1]Voir le survol de Fischler [16] pour un exposé, apparemment exhaustif, des très nombreuses preuves maintenant disponibles de l'irrationalité de $\zeta(3)$.

D'une façon générale, les séries (ou fonctions) hypergéométriques sont définies par

$$_{q+1}F_q\left[\begin{matrix}\alpha_0,\alpha_1,\ldots,\alpha_q\\ \beta_1,\ldots,\beta_q\end{matrix};z\right]=\sum_{k=0}^{\infty}\frac{(\alpha_0)_k\,(\alpha_1)_k\cdots(\alpha_q)_k}{k!\,(\beta_1)_k\cdots(\beta_q)_k}z^k,$$

où $\alpha_j \in \mathbb{C}$ et $\beta_j \in \mathbb{C} \setminus \mathbb{Z}_{\leq 0}$. La série converge pour tout $z \in \mathbb{C}$ tel que $|z| < 1$, et aussi pour $z = \pm 1$ lorsque $\mathrm{Re}(\beta_1 + \cdots + \beta_q) > \mathrm{Re}(\alpha_0 + \alpha_1 + \cdots + \alpha_q)$. Dans les ouvrages traitant de ces fonctions (par exemple [5], [7], [18], [44]), on trouve les définitions suivantes : la série hypergéométrique $_{q+1}F_q$ est dite

- *balancée* (balanced) si $\alpha_0 + \cdots + \alpha_q + 1 = \beta_1 + \cdots + \beta_q$;
- *quasi équilibrée de première espèce* (nearly-poised of the first kind) si $\alpha_1 + \beta_1 = \cdots = \alpha_q + \beta_q$;
- *bien équilibrée* (well-poised) si $\alpha_0 + 1 = \alpha_1 + \beta_1 = \cdots = \alpha_q + \beta_q$;
- *très bien équilibrée* (very-well-poised) si elle est bien équilibrée et, de plus, $\alpha_1 = \frac{1}{2}\alpha_0 + 1$.

Ces séries vérifient d'innombrables identités recensées dans les livres cités ci-dessus[2]. Les séries (très) bien équilibrées y sont abondamment représentées, à la mesure de leur énorme influence sur le développement de la théorie hypergéométrique au cours du XXième siècle (voir le survol d'Andrews [4] et le livre [5] d'Andrews, Askey et Roy à ce sujet). Le présent article n'échappe pas à cette influence.

Dans [31], Nesterenko a posé le problème de trouver une preuve de l'irrationalité de $\zeta(3)$ aussi élémentaire que celle du nombre $e = \sum_{n \geq 0} 1/n!$, due à Fourier. Pour attaquer ce problème, Ball a introduit la série hypergéométrique très bien équilibrée suivante (voir l'introduction de [39]) :

$$\mathbf{B}_n = n!^2 \sum_{k=1}^{\infty}\left(k+\frac{n}{2}\right)\frac{(k-n)_n(k+n+1)_n}{(k)_{n+1}^4}$$
$$= \frac{n!^7(3n+2)!}{2(2n+1)!^5}\,_7F_6\left[\begin{matrix}3n+2,\frac{3}{2}n+2,n+1,\ldots,n+1\\ \frac{3}{2}n+1,2n+2,\ldots,2n+2\end{matrix};1\right]. \qquad (2.5)$$

Il a alors observé le fait remarquable que $\mathbf{B}_n = \mathbf{a}_n\zeta(3) - \mathbf{b}_n$, alors que l'on s'attend aussi à voir apparaître $\zeta(4)$ et $\zeta(2)$. En définissant le m-ième nombre harmonique par $H_m = \sum_{j=1}^{m}\frac{1}{j}$ si $m \geq 1$ et $H_0 = 0$, on a en particulier

$$\mathbf{a}_n = (-1)^{n+1}\sum_{j=0}^{n}\left(\frac{n}{2}-j\right)\binom{n}{j}^4\binom{n+j}{n}\binom{2n-j}{n}$$
$$\cdot\left(5H_{n-j} - 5H_j + H_{n+j} - H_{2n-j} - \frac{1}{\frac{n}{2}-j}\right), \qquad (2.6)$$

et on montre que $d_n\mathbf{a}_n$ et $d_n^4\mathbf{b}_n$ sont entiers. Un deuxième point remarquable de cette série réside dans la propriété, initialement conjecturale, que $\mathbf{a}_n$ et $d_n^3\mathbf{b}_n$ sont en fait des entiers, et $\mathbf{a}_n$ et $\mathbf{b}_n$ coïncident avec les nombres d'Apéry a_n et $b_n/2$ pour $\zeta(3)$. L'égalité de la série (2.5) et de la moitié de la série (2.1) a ensuite été prouvée par Zudilin [54] et le deuxième auteur indépendamment, alors que l'égalité $\mathbf{a}_n = a_n$ a été prouvée par le premier auteur, dans les deux cas par une utilisation subtile

---

[2]Le manuel du logiciel HYP, déjà mentionné à la note 1 de bas de page, contient la plus grande liste d'identités hypergéométriques actuellement disponible.

de l'algorithme de calcul de récurrences linéaires de Gosper–Zeilberger (voir [**13**], [**35**], [**51**], [**52**]), ce qui implique l'égalité $\mathbf{b}_n = b_n/2$. Voir le chapitre 16 pour une démonstration indépendante, utilisant des identités hypergéométriques classiques. Au passage, on obtient bien une nouvelle démonstration de l'irrationalité de $\zeta(3)$: bien qu'élémentaire, elle n'est cependant pas aussi simple que celle de e.

2.2. L'indépendance linéaire d'une infinité de ζ impairs et la transcendance de π

La disparition de la moitié des valeurs de ζ attendues n'est pas un miracle isolé : elle s'explique par la nature (très) bien équilibrée de $\mathbf{B}_n$, alors qu'une série seulement quasi équilibrée ne la produit pas. Ce précieux phénomène a été généralisé dans [**39**] et [**8**] au moyen, essentiellement[3], de la série

$$\bar{\mathbf{S}}_{n,A,r}(z) = n!^{A-2r} \sum_{k=1}^{\infty} \left(k + \frac{n}{2}\right) \frac{(k-rn)_{rn}(k+n+1)_{rn}}{(k)_{n+1}^A} z^{-k}$$

$$= z^{-rn-1} n!^{A-2r} \frac{(rn)!^{A+1}((2r+1)n+2)!}{2((r+1)n+1)!^{A+1}}$$

$$\times {}_{A+3}F_{A+2}\left[\begin{matrix} (2r+1)n+2, \frac{2r+1}{2}n+2, rn+1, \ldots, rn+1 \\ \frac{2r+1}{2}n+1, (r+1)n+2, \ldots, (r+1)n+2 \end{matrix}; z^{-1}\right].$$

avec $|z| \geq 1$ et A et r des entiers tels que $0 \leq r < A/2$, ce qui a permis de montrer qu'une infinité des valeurs de la fonction zêta aux entiers impairs sont linéairement indépendantes sur $\mathbb{Q}$. Esquissons rapidement la preuve. On définit d'abord les fonctions polylogarithmes, pour tout $s \geq 1$ et z complexe vérifiant $|z| \leq 1$ et $(s,z) \neq (1,1)$, par

$$\mathrm{Li}_s(z) = \sum_{n=1}^{\infty} \frac{z^n}{n^s}.$$

En développant en éléments simples le sommande de $\bar{\mathbf{S}}_{n,A,r}(z)$, on vérifie qu'il existe des polynômes $\bar{\mathbf{p}}_{l,n}(X)$ (dépendant aussi de A et r) tels que $\mathrm{d}_n^{A-l} \bar{\mathbf{p}}_{l,n}(X) \in \mathbb{Z}[X]$ et

$$\bar{\mathbf{S}}_{n,A,r}(z) = \bar{\mathbf{p}}_{0,n}(z) + \sum_{l=1}^{A} \bar{\mathbf{p}}_{l,n}(z) \mathrm{Li}_l(1/z).$$

Le « très bon équilibrage » de $\bar{\mathbf{S}}_{n,A,r}(z)$ se traduit par la relation de réciprocité

$$z^n \bar{\mathbf{p}}_{l,n}(1/z) = (-1)^{A(n+1)+l+1} \bar{\mathbf{p}}_{l,n}(z), \tag{2.7}$$

dont on déduit que pour tout A pair et tout $n \geq 0$, on a[4]

$$\bar{\mathbf{S}}_{n,A,r}(1) = \bar{\mathbf{p}}_{0,n}(1) + \sum_{\substack{l=3,\ldots,A-1 \\ l \text{ impair}}} \bar{\mathbf{p}}_{l,n}(1) \zeta(l).$$

On conclut en utilisant un critère d'indépendance linéaire dû à Nesterenko [**30**] et en optimisant le paramètre r en fonction de A. Comme pour $\mathbf{B}_n$, on constate

---

[3]Plus précisément : sans le facteur « très bien équilibrant » $k + n/2$, qui ne joue aucun rôle pour obtenir le résultat visé, mais qui est la mystérieuse raison d'être des identités prouvées dans cet article.

[4]Lorsque z tend vers 1, la série $\bar{\mathbf{S}}_{n,A,r}(z)$ converge mais $\mathrm{Li}_1(1/z) = -\log(1-1/z)$ diverge : on a donc nécessairement $\bar{\mathbf{p}}_{1,n}(1) = 0$, ce qui élimine la valeur divergente $\zeta(1)$ de la combinaison linéaire.

expérimentalement que le dénominateur d_n^{A-l} est trop généreux lorsque $z=1$: il semble en effet que $d_n^{A-l-1}\bar{\mathbf{p}}_{l,n}(1)$ soit déjà entier pour tout $l \in \{0,\ldots,A-1\}$. L'intérêt est que cela permettrait d'appliquer plus finement le critère de Nesterenko (voir la partie ii) du Théorème 7 au chapitre 4).

Lorsque A est impair et $z=-1$, la série $\bar{\mathbf{S}}_{n,A,r}(-1)$ est une combinaison linéaire rationnelle en les valeurs de $\tilde{\zeta}$ aux entiers pairs, où, par définition,

$$\tilde{\zeta}(s) = \sum_{k=1}^{\infty} \frac{(-1)^k}{k^s} = (2^{1-s}-1)\zeta(s).$$

Puisque pour tout entier $k \geq 1$, on a

$$\zeta(2k) = (-1)^{k-1}\frac{2^{2k-1}B_{2k}}{(2k)!}\pi^{2k},$$

où B_k est le k-ième nombre de Bernoulli, on obtient en fait une suite de combinaisons linéaires rationnelles de puissances de π : la transcendance de π en découle par un argument simple de théorie des nombres algébriques (voir [36] pour un cas analogue). Le même phénomène arithmétique que celui mis à jour pour A pair et $z=1$ semble là aussi se produire : si l'on considère par exemple la série

$$\bar{\mathbf{S}}_{n,3,1}(-1) = n!\sum_{k=1}^{\infty}(-1)^k\left(k+\frac{n}{2}\right)\frac{(k-n)_n(k+n+1)_n}{(k)_{n+1}^3} = p_n\tilde{\zeta}(2) - q_n, \quad (2.8)$$

le rationnel

$$p_n = (-1)^{n+1}\sum_{j=0}^{n}\left(\frac{n}{2}-j\right)\binom{n}{j}^3\binom{n+j}{n}\binom{2n-j}{n}$$

$$\cdot\left(4H_{n-j} - 4H_j + H_{n+j} - H_{2n-j} - \frac{1}{\frac{n}{2}-j}\right), \quad (2.9)$$

joue le même rôle pour $\zeta(2)$ que $\mathbf{a}_n$ pour $\zeta(3)$. En effet, on a *a priori* que $d_n p_n$ et $d_n^3 q_n$ sont entiers, mais on montre par les méthodes de [54] que $p_n = \alpha_n$ et $q_n = -\beta_n/2$, où α_n et β_n sont les nombres d'Apéry pour $\zeta(2)$ définis au paragraphe 2.1. Voir le chapitre 16 pour une démonstration utilisant des identités hypergéométriques classiques.

2.3. À la recherche d'un irrationnel parmi $\zeta(5)$, $\zeta(7)$, etc.

Cette recherche a été initiée dans [41] au moyen d'un autre type de séries, que nous appellerons improprement « séries dérivées », qui ne sont plus formellement hypergéométriques mais en sont très proches[5]. Considérons, pour A pair ≥ 6 et $|z| \geq 1$, la série

$$\tilde{\mathbf{S}}_{n,A}(z) = n!^{A-6}\sum_{k=1}^{\infty}\frac{1}{2}\frac{\partial^2}{\partial k^2}\left(\left(k+\frac{n}{2}\right)\frac{(k-n)_n^3(k+n+1)_n^3}{(k)_{n+1}^A}\right)z^{-k}.$$

---

[5]De façon plus précise, une série dérivée apparaît naturellement par la méthode de Frobenius dans le calcul des solutions des équations différentielles hypergéométriques. L'équation différentielle satisfaite par une série hypergéométrique (très) bien équilibrée est invariante par le changement de variable $z \mapsto 1/z$, ce qui « explique » la réciprocité des polynômes $\mathbf{p}_{l,n}(z)$. Voir [33] pour une très belle exposition du calcul des solutions des équations différentielles hypergéométriques.

Par rapport à l'expression « développée » de $\bar{\mathbf{S}}_{n,A,r}(1)$ du paragraphe précédent, l'introduction d'une dérivation d'ordre 2 permet de remplacer $\zeta(l)$ par $\zeta(l+2)$, ce qui, avec le très bon équilibrage de $\tilde{\mathbf{S}}_{n,A}(z)$, montre qu'il existe des polynômes $\tilde{\mathbf{p}}_{l,n}(X)$, dépendant de A, tels que $\mathrm{d}_n^{A+2}\tilde{\mathbf{p}}_{0,n}(1)$ et $\mathrm{d}_n^{A-l}\tilde{\mathbf{p}}_{l,n}(1)$ ($l \geq 1$) sont entiers et

$$\tilde{\mathbf{S}}_{n,A}(1) = \tilde{\mathbf{p}}_{0,n}(1) + \sum_{\substack{l=3,\ldots,A-1 \\ l\ \text{impair}}} \tilde{\mathbf{p}}_{l,n}(1)\zeta(l+2).$$

Ainsi, on fait non seulement disparaître les valeurs de ζ aux entiers pairs, mais aussi $\zeta(3)$. L'entier $A = 20$ est le plus petit entier pair tel que

$$0 < \liminf_{n \to +\infty} |\mathrm{d}_n^{A+2}\tilde{\mathbf{S}}_{n,A}(1)|^{1/n} < 1,$$

ce qui se traduit par l'irrationalité d'au moins un des neuf nombres $\zeta(5), \zeta(7), \ldots, \zeta(21)$. Sans surprise, on constate expérimentalement[6] que l'on pourrait prendre d_n^{21} à la place de d_n^{22}.

2.4. La conjecture des dénominateurs

Toutes ces données ont naturellement conduit à formuler une conjecture générale sur les dénominateurs des combinaisons linéaires rationnelles construites sur les séries dérivées suivantes :

$$\mathbf{S}_{n,A,B,C,r}(z) = n!^{A-2Br} \sum_{k=1}^{\infty} \frac{1}{C!} \frac{\partial^C}{\partial k^C} \left(\left(k + \frac{n}{2}\right) \frac{(k-rn)_{rn}^B (k+n+1)_{rn}^B}{(k)_{n+1}^A} \right) z^{-k}, \tag{2.10}$$

où $|z| \geq 1$ et A, B, C, r sont des entiers positifs vérifiant[7] $0 \leq 2Br < A$. Il existe alors des polynômes $\mathbf{p}_{0,C,n}(X)$ et $\mathbf{p}_{l,n}(X)$ pour $l \in \{1,\ldots,A\}$, dépendant de A, B et r mais pas de C, tels que

$$\mathrm{d}_n^{A+C}\mathbf{p}_{0,C,n}(X) \in \mathbb{Z}[X], \quad \mathrm{d}_n^{A-l}\mathbf{p}_{l,n}(X) \in \mathbb{Z}[X] \tag{2.11}$$

et

$$\mathbf{S}_{n,A,B,C,r}(z) = \mathbf{p}_{0,C,n}(z) + (-1)^C \sum_{l=1}^{A} \binom{C+l-1}{l-1} \mathbf{p}_{l,n}(z) \operatorname{Li}_{C+l}(1/z). \tag{2.12}$$

Posons pour simplifier

$$R_{n,A,B,r}(k) = n!^{A-2Br} \left(k + \frac{n}{2}\right) \frac{(k-rn)_{rn}^B (k+n+1)_{rn}^B}{(k)_{n+1}^A}.$$

En suivant la démarche classique (voir [8]), on a pour tout $l \in \{1,\ldots,A\}$:

$$\mathbf{p}_{l,n}(X) = \sum_{j=0}^{n} \frac{1}{(A-l)!} \frac{\partial^{A-l}}{\partial k^{A-l}} \left(R_{n,A,B,r}(k)(k+j)^A \right) \bigg|_{k=-j} X^j \tag{2.13}$$

---

[6]Ce gain arithmétique n'est pas anodin : voir la partie i) du Théorème 7 au chapitre 4 pour son utilisation diophantienne.

[7]Cette condition, qui sert uniquement à faire converger la série en $z = \pm 1$, sera assouplie aux chapitres 3, 8 à 10, et 12 à 14.

et

$$\mathbf{p}_{0,C,n}(X) = -\sum_{j=0}^{n}\sum_{e=1}^{A}(-1)^C\binom{C+e-1}{e-1}$$
$$\cdot \left(\frac{1}{(A-e)!}\frac{\partial^{A-e}}{\partial k^{A-e}}\left(R_{n,A,B,r}(k)(k+j)^A\right)\Big|_{k=-j}\right)\sum_{i=1}^{j}\frac{1}{i^{e+C}}X^{j-i}. \quad (2.14)$$

Nous aurons besoin de l'expression plus explicite suivante :

$$\frac{\partial^h}{\partial k^h}\left(R_{n,A,B,r}(k)(k+j)^A\right)\Big|_{k=-j}$$
$$= (-1)^{Aj+Brn}\frac{(rn)!^{2B}}{n!^{2rB}}\frac{\partial^h}{\partial \varepsilon^h}\left(\frac{n}{2}-j+\varepsilon\right)\left(\frac{n!}{(1-\varepsilon)_j(1+\varepsilon)_{n-j}}\right)^A$$
$$\cdot \binom{rn+j-\varepsilon}{rn}^B\binom{(r+1)n-j+\varepsilon}{rn}^B\Bigg|_{\varepsilon=0}. \quad (2.15)$$

Quand on spécialise (2.12) en $z = (-1)^A$, on obtient

$$\mathbf{S}_{n,A,B,C,r}\left((-1)^A\right)$$
$$= \mathbf{p}_{0,C,n}\left((-1)^A\right) + (-1)^C\sum_{l=1}^{A}\binom{C+l-1}{l-1}\mathbf{p}_{l,n}\left((-1)^A\right)\operatorname{Li}_{C+l}\left((-1)^A\right). \quad (2.16)$$

De nouveau, la relation de réciprocité (2.7) vaut avec $\mathbf{p}_{l,n}(z)$ à la place de $\bar{\mathbf{p}}_{l,n}(z)$, et, de même, la note 4 de bas de page (avec $\mathbf{S}_{n,A,B,C,r}(z)$ à la place de $\bar{\mathbf{S}}_{n,A,r}(z)$) s'applique dans la situation plus générale que l'on considère ici. Par conséquent, si A est pair, la série $\mathbf{S}_{n,A,B,C,r}\left((-1)^A\right)$ est une combinaison linéaire en 1, $\zeta(C+3), \zeta(C+5), \ldots, \zeta(C+A-1)$, alors que si A impair, c'est une combinaison linéaire en 1, $\tilde{\zeta}(C+2), \tilde{\zeta}(C+4), \ldots, \tilde{\zeta}(C+A-1)$. Dans les deux cas, chacun des coefficients est un rationnel dont un dénominateur est donné par (2.11). En particulier, si on multiplie $\mathbf{S}_{n,A,B,C,r}\left((-1)^A\right)$ par d_n^{A+C}, on obtient une combinaison linéaire à coefficients entiers en les valeurs de zêta (respectivement de zêta « alternée » $\tilde{\zeta}$) aux entiers impairs, respectivement aux entiers pairs. Cependant, numériquement, il apparaît que l'on peut espérer mieux.

CONJECTURE 1. *Dans les conditions ci-dessus, pour tout $A \geq 2$ et pour tout $l \in \{1, \ldots, A\}$, les nombres $\mathrm{d}_n^{A+C-1}\mathbf{p}_{0,C,n}\left((-1)^A\right)$ et $\mathrm{d}_n^{A-l-1}\mathbf{p}_{l,n}\left((-1)^A\right)$ sont entiers.*

REMARQUE. Nous rappelons que l'intérêt de cette conjecture est qu'elle permettrait d'appliquer plus finement le critère de Nesterenko (voir le Théorème 7 au chapitre 4). Pour A pair, la conjecture est formulée dans [**40**, p. 51], et pour A impair, dans [**16**, Remarque 2.14].

Zudilin [**55**, paragraphe 2] a considéré plus en détail la série dérivée

$$\mathbf{S}_{n,4,2,1,1}(1) = \sum_{k=1}^{\infty}\frac{\partial}{\partial k}\left(\left(k+\frac{n}{2}\right)\frac{(k-n)_n^2(k+n+1)_n^2}{(k)_{n+1}^4}\right) = \mathbf{u}_n\zeta(4) - \mathbf{v}_n,$$

où $d_n \mathbf{u}_n$ et $d_n^5 \mathbf{v}_n$ sont entiers. En utilisant l'algorithme de Gosper–Zeilberger [**13**], [**35**], [**51**], [**52**], il a constaté que les suites $(\mathbf{u}_n)_{n \geq 0}$ et $(\mathbf{v}_n)_{n \geq 0}$ vérifient la récurrence linéaire d'ordre deux suivante[8] :

$$(n+1)^5 Y_{n+1} = 3(2n+1)(3n^2+3n+1)(15n^2+15n+4)Y_n \\ + 3n^2(3n-1)(3n+1)Y_{n-1}.$$

En s'aidant de cette récurrence (pour calculer un grand nombre de valeurs de $\mathbf{u}_n$ et $\mathbf{v}_n$), Zudilin a affiné la Conjecture 1 dans ce cas. Posons avec lui (voir la fin du paragraphe 2 dans [**55**])

$$\Phi_n = \prod_{\substack{p \text{ premier} \\ \{n/p\} \in [2/3, 1[}} p , \qquad (2.17)$$

où $\{n/p\}$ est la partie fractionnaire de n/p.

CONJECTURE 2. *Pour tout entier* $n \geq 0$, *les nombres* $\Phi_n^{-1} \mathbf{u}_n$ *et* $\Phi_n^{-1} d_n^4 \mathbf{v}_n$ *sont entiers.*

2.5. Les intégrales de Vasilyev

Une des nombreuses démonstrations de l'irrationalité de $\zeta(2)$ et $\zeta(3)$ utilise les célèbres intégrales de Beukers [**9**] :

$$\int_0^1 \int_0^1 \frac{x^n(1-x)^n y^n(1-y)^n}{(1-(1-x)y)^{n+1}} \, dx \, dy = \alpha_n \zeta(2) - \beta_n$$

et

$$\int_0^1 \int_0^1 \int_0^1 \frac{x^n(1-x)^n y^n(1-y)^n z^n(1-z)^n}{(1-(1-(1-x)y)z)^{n+1}} \, dx \, dy \, dz = 2a_n \zeta(3) - b_n.$$

À la suite de Vasilenko [**47**], Vasilyev [**48**], [**49**] a considéré des intégrales qui généralisent naturellement celles de Beukers :

$$J_{E,n} = \int_{[0,1]^E} \frac{\prod_{j=1}^E x_j^n(1-x_j)^n}{Q_E(x_1, x_2, \ldots, x_E)^{n+1}} \, dx_1 \, dx_2 \cdots dx_E,$$

où $Q_E(x_1, x_2, \ldots, x_E) = 1 - (\cdots(1-(1-x_E)x_{E-1})\cdots)x_1$. Il a alors formulé la conjecture suivante, qu'il a prouvée pour $E = 4$ et 5, et qui est aussi vraie pour $E = 2$ et 3 depuis Beukers.

CONJECTURE 3.
i) *Pour tous entiers* $E \geq 2$ *et* $n \geq 0$, *il existe des rationnels* $p_{l,E,n}$ *tels que*

$$J_{E,n} = p_{0,E,n} + \sum_{\substack{l=2,\ldots,E \\ l \equiv E \pmod 2}} p_{l,E,n} \zeta(l). \qquad (2.18)$$

ii) *De plus,* $d_n^E p_{l,E,n}$ *est un entier pour tout* $l \in \{0, 1, \ldots, E\}$.

---

[8]Cette récurrence a aussi été obtenue par Cohen et Rhin [**12**] par la méthode d'Apéry en 1981 et par Sorokin [**46**] en 2001 ; il est remarquable que les trois méthodes soient *a priori* totalement indépendantes.

La partie i) de cette conjecture a été démontrée par Zudilin [**55**, paragraphe 8] au moyen d'une identité inattendue entre des intégrales généralisant celles de Vasilyev et certaines séries hypergéométriques très bien équilibrées[9]. Mais le dénominateur alors obtenu est d_n^{E+1} et il reste donc une puissance de d_n à éliminer. En effet, l'identité de [**55**, Theorem 5], se lit dans ce cas :

$$J_{E,n} = \frac{n!^{2E+1}(3n+2)!}{(2n+1)!^{E+2}} \,_{E+4}F_{E+3}\left[\begin{array}{c} 3n+2, \frac{3}{2}n+2, n+1, \ldots, n+1 \\ \frac{3}{2}n+1, 2n+2, \ldots, 2n+2 \end{array}; (-1)^{E+1}\right],$$

c'est-à-dire $J_{E,n} = \mathbf{S}_{n,E+1,1,0,1}((-1)^{E+1})$ avec la notation employée au paragraphe précédent. Par conséquence, la Conjecture 3, partie ii) découle de la Conjecture 1.

---

[9]Voir aussi [**27**] pour une nouvelle démonstration de cette identité, basée sur celle d'Andrews [**3**] : nous la rappelons au Théorème 8 parce qu'elle est aussi centrale dans le présent article.

CHAPITRE 3

Les résultats principaux

Dans ce chapitre, nous présentons les théorèmes centraux de cet article. Les Théorèmes 1 à 3 prouvent les Conjectures 1 à 3, à un facteur 2 près, et les Théorèmes 4 à 6 les affinent dans des cas spéciaux. Notons que la restriction « analytique » $0 \leq 2Br < A$ n'intervient pas dans ces théorèmes : les énoncés sont valables sans aucune hypothèse de ce type, ni sur $r \geq 0$ qui est quelconque. Les preuves des théorèmes sont données aux chapitres 12 à 15 ; elles sont basées sur un certain nombre de corollaires, que nous énoncerons aux chapitres 9 et 10, des Théorèmes 8 et 9 au chapitre 6.

THÉORÈME 1.
i) *La Conjecture 1 est vraie quels que soient $A \geq 2$, $B \geq 1$, $C \geq 0$ et $r \geq 0$ pour tous les coefficients $\mathbf{p}_{l,n}\left((-1)^A\right)$, $l \in \{1, \ldots, A\}$, c'est-à-dire que $\mathrm{d}_n^{A-l-1}\mathbf{p}_{l,n}\left((-1)^A\right)$ est un nombre entier.*
ii) *De plus, dans les mêmes conditions, les coefficients $2\mathrm{d}_n^{A+C-1}\mathbf{p}_{0,C,n}\left((-1)^A\right)$ sont des nombres entiers.*

THÉORÈME 2.
i) *La Conjecture 3, ii) est vraie pour tous les coefficients $p_{l,E,n}$, $l \in \{1, \ldots, E\}$, c'est-à-dire que $\mathrm{d}_n^{E-l}p_{l,E,n}$ est un nombre entier.*
ii) *De plus, les coefficients $2\mathrm{d}_n^E p_{0,E,n}$ sont des nombres entiers.*

Comme noté à la fin du paragraphe 2.5, la Conjecture 3 est un cas particulier de la Conjecture 1 : le Théorème 2 est donc une conséquence directe du Théorème 1.

THÉORÈME 3.
i) *La Conjecture 2 est vraie pour le coefficient $\mathbf{u}_n$, c'est-à-dire que $\Phi_n^{-1}\mathbf{u}_n$ est un nombre entier, où Φ_n est le nombre défini dans (2.17).*
ii) *De plus, $2\Phi_n^{-1}\mathrm{d}_n^4\mathbf{v}_n$ est un nombre entier, c'est-à-dire, qu'au facteur 2 près, la Conjecture 2 est aussi vraie pour le coefficient $\mathbf{v}_n$.*

Ce théorème est évidemment une amélioration du Théorème 1 dans le cas où $r = 1$, $A = 4$, $B = 2$ et $C = 1$. Il est alors naturel d'attendre des améliorations similaires pour les coefficients les plus généraux. Par exemple, le résultat suivant est une amélioration du cas $r = 1$ du Théorème 1 pour le coefficient dominant $\mathbf{p}_{A-1,n}\left((-1)^A\right)$. Il contient en même temps la partie i) du Théorème 3.

THÉORÈME 4. *Pour $r = 1$, $A \geq 2$ et $B \geq 1$, le nombre $\Phi_n^{-B+1}\mathbf{p}_{A-1,n}\left((-1)^A\right)$ est entier.*

Pour les autres coefficients (toujours dans le cas où $r = 1$), nous pouvons démontrer un résultat un peu plus faible. Au lieu de Φ_n, considérons la quantité inférieure

$$\tilde{\Phi}_n = \prod_{\substack{p \text{ premier, } p<n \\ \{n/p\} \in [2/3,1[}} p \, .$$

Nous avons alors le théorème suivant.

THÉORÈME 5. *Pour $r = 1$, $A \geq 2$, $B \geq 1$, $C \geq 0$, et pour tout $l \in \{1, \ldots, A\}$, les nombres $\tilde{\Phi}_n^{-B+1} d_n^{A-l-1} \mathbf{p}_{l,n}\left((-1)^A\right)$ et $2\tilde{\Phi}_n^{-B+1} d_n^{A+C-1} \mathbf{p}_{0,C,n}\left((-1)^A\right)$ sont entiers.*

Le cas $A = 6$, $B = 3$, $C = 2$ de ce théorème répond à la question sur la série $\tilde{F}_n$ à la fin du paragraphe 7 dans [**55**], à un facteur 2 près.

En principe, on pourrait aussi s'attendre à remplacer $\tilde{\Phi}_n^{B-1}$ dans le Théorème 5 par Φ_n^{B-1}. Des calculs numériques suggèrent cependant qu'une divisibilité par Φ_n^{B-1} du dénominateur commun des coefficients n'a lieu que pour $A = 4$, $B = 2$ et $C = 1$ ou 3 : le cas $A = 4$, $B = 2$ et $C = 1$ est couvert par le Théorème 3 et notre dernier résultat confirme les observations numériques pour $A = 4$, $B = 2$ et $C = 3$.

THÉORÈME 6. *Pour $r = 1$, $A = 4$, $B = 2$, le nombre $2\Phi_n^{-1} d_n^6 \mathbf{p}_{0,3,n}(1)$ est entier.*

CHAPITRE 4

Conséquences diophantiennes du Théorème 1

Nous mentionnons maintenant deux applications immédiates de la conjecture des dénominateurs, dont la preuve nous permet d'améliorer les résultats suivants : « *au moins un des neuf nombres $\zeta(5), \zeta(7), \ldots, \zeta(21)$ est irrationnel* ([**41**]) » et « *il existe un entier impair j entre 5 et 169, tel que 1, $\zeta(3)$ et $\zeta(j)$ soient linéairement indépendants sur $\mathbb{Q}$* ([**8**]) ».

THÉORÈME 7.
i) *Au moins un des huit nombres $\zeta(5), \zeta(7), \ldots, \zeta(19)$ est irrationnel.*
ii) *Il existe un entier impair j entre 5 et 165, tel que 1, $\zeta(3)$ et $\zeta(j)$ soient linéairement indépendants sur $\mathbb{Q}$.*

DÉMONSTRATION. Nous ne faisons que l'esquisser car elle suit les lignes de celles de [**41**] et [**8**].

i) Le théorème de [**41**] est prouvé par l'utilisation de la série $\tilde{S}_{n,20}(1)$ introduite au paragraphe 2.3, avec un « mauvais » dénominateur d_n^{22} pour les combinaisons linéaires rationnelles en 1, $\zeta(5), \zeta(7), \ldots, \zeta(21)$ construites. Le Théorème 1 nous permet de faire le même travail avec la série $\tilde{S}_{n,18}(1)$ et un « bon » dénominateur $2\,d_n^{19}$ pour les combinaisons linéaires rationnelles en 1, $\zeta(5), \zeta(7), \ldots, \zeta(19)$.

ii) Le théorème de [**8**] est démontré à l'aide d'une série bien équilibrée qui est $\bar{S}_{n,169,10}(1)$ du paragraphe 2.2, sans le facteur $k + n/2$. Notons qu'avec la série $\bar{S}_{n,168,10}(1)$, on peut déjà démontrer le résultat avec 167 à la place de 169, en construisant des combinaisons linéaires rationnelles en 1, $\zeta(3), \zeta(5), \ldots, \zeta(167)$, avec un « mauvais » dénominateur d_n^{168}. Notre amélioration repose sur la série $\bar{S}_{n,166,10}(1)$, qui permet de construire des combinaisons linéaires rationnelles en 1, $\zeta(3), \zeta(5), \ldots, \zeta(165)$, avec un « bon » dénominateur $2\,d_n^{165}$ comme conséquence du Théorème 1. □

REMARQUE. Si l'on essaie de tirer avantage de la divisibilité des combinaisons linéaires $\tilde{S}_{n,A}(1)$ par $\tilde{\Phi}_n^2$ (Théorème 5), alors il s'en faut d'extrêmement peu que l'on parvienne à montrer l'irrationalité de l'un des sept nombres 1, $\zeta(5), \zeta(7), \ldots, \zeta(17)$: on a en effet $\liminf_{n\to\infty} |\tilde{\Phi}_n^{-2} d_n^{17} \tilde{S}_{n,16}(1)|^{1/n} \approx 1.007$.

Ces améliorations ne sont pas négligeables mais on sait obtenir beaucoup mieux. En effet, Zudilin a montré qu'« *au moins un des quatre nombres $\zeta(5), \zeta(7), \zeta(9), \zeta(11)$ est irrationnel* » ([**56**]) et qu'« *il existe un entier impair j entre 5 et 69, tel que 1, $\zeta(3)$ et $\zeta(j)$ soient linéairement indépendants sur $\mathbb{Q}$* »[1]. Ces résultats sont basés sur des combinaisons linéaires en les valeurs de zêta construites à l'aide de séries beaucoup plus générales que les nôtres. Le gain obtenu résulte d'une étude p-adique très fine des coefficients des combinaisons linéaires, ce qui permet d'éliminer

---
[1]Communication personnelle de W. Zudilin ; voir aussi [**57**] pour un résultat un peu plus faible.

de « gros » facteurs communs à ces coefficients, à la manière de la Conjecture 2. Zudilin a également formulé une conjecture des dénominateurs pour ses séries, qui pourrait peut-être permettre de montrer l'irrationalité d'au moins un des trois nombres $\zeta(5), \zeta(7)$ et $\zeta(9)$. Mais il n'est pas évident que l'on puisse aborder cette conjecture avec nos méthodes, et encore moins évident que cela permette de prouver le résultat envisagé, qui n'apparaîtra éventuellement qu'au bout des calculs : voir le paragraphe 17.1 pour plus de détails sur cette conjecture.

CHAPITRE 5

Le principe des démonstrations des Théorèmes 1 à 6

L'idée des démonstrations des Théorèmes 1 à 6 consiste à ne pas étudier les expressions des coefficients $\mathbf{p}_{l,n}\left((-1)^A\right)$ et $\mathbf{p}_{0,C,n}\left((-1)^A\right)$ données par (2.13)–(2.15) diréctement, mais à chercher des expressions équivalentes, dont il sera alors possible d'extraire le comportement arithmétique énoncé dans les théorèmes. Pour illustration, et pour être plus concret, considérons des coefficients spéciaux et commençons avec les coefficients « dominants » $\mathbf{p}_{A-1,n}\left((-1)^A\right)$. Par exemple, pour $r=1$, $A=3$, $B=1$, $C=0$ (ce choix correspond à la série $\bar{\mathbf{S}}_{n,3,1}(-1)$ dans (2.8)), le coefficient $\mathbf{p}_{2,n}(-1)$ est égal à

$$\mathbf{p}_{2,n}(-1) = (-1)^n \sum_{j=0}^{n} \frac{\partial}{\partial \varepsilon}\left(\left(\frac{n}{2} - j + \varepsilon\right)\left(\frac{n!}{(1-\varepsilon)_j (1+\varepsilon)_{n-j}}\right)^3\right.$$
$$\left.\cdot \binom{n+j-\varepsilon}{rn}\binom{2n-j+\varepsilon}{rn}\right)\bigg|_{\varepsilon=0}$$
$$= (-1)^n \sum_{j=0}^{n} \left(\frac{n}{2} - j\right)\binom{n}{j}^3 \binom{n+j}{n}\binom{2n-j}{n}$$
$$\cdot \left(4H_j - 4H_{n-j} + H_{2n-j} - H_{n+j} + \frac{1}{\frac{n}{2} - j}\right), \quad (5.1)$$

ou pour $r=1$, $A=4$, $B=1$, $C=0$ (ce choix correspond à la série $\mathbf{B}_n$ dans (2.5)), le coefficient $\mathbf{p}_{3,n}(1)$ est égal à

$$\mathbf{p}_{3,n}(1) = (-1)^n \sum_{j=0}^{n} \left(\frac{n}{2} - j\right)\binom{n}{j}^4 \binom{n+j}{n}\binom{2n-j}{n}$$
$$\cdot \left(5H_j - 5H_{n-j} + H_{2n-j} - H_{n+j} + \frac{1}{\frac{n}{2} - j}\right). \quad (5.2)$$

Selon le Théorème 1, partie i), il s'agit de démontrer que ces quantités sont des nombres entiers, ce qui n'est pas du tout évident à partir de la forme des expressions à droite dans (5.1) et (5.2), à cause de la présence des nombres harmoniques dans les sommandes. En fait, on peut se convaincre que les sommandes sont rarement entiers. Or, au paragraphe 2.1, on a déjà remarqué l'identité $a_n = \mathbf{a}_n$, c'est-à-dire, explicitement,

$$(-1)^n \sum_{j=0}^n \left(\frac{n}{2}-j\right) \binom{n}{j}^3 \binom{n+j}{n}\binom{2n-j}{n}$$
$$\cdot \left(4H_j - 4H_{n-j} + H_{2n-j} - H_{n+j} + \frac{1}{\frac{n}{2}-j}\right) = \sum_{j=0}^n \binom{n}{j}^2 \binom{n+j}{n},$$

et celle-ci démontre immédiatement que $\mathbf{p}_{2,n}(-1)$ dans (5.1) est bien un nombre entier.

Pour le coefficient $\mathbf{p}_{3,n}(1)$, dans (5.2) on a aussi constaté une coïncidence avec une somme simple dont les sommandes sont des coefficients binomiaux, à savoir la somme dans (2.3), mais ce type d'identité ne se généralise pas : il est trop optimiste de s'attendre à exprimer ces coefficients sous forme d'une somme *simple* dont tous les sommandes sont entiers. La clé de nos démonstrations est de chercher des expressions sous forme d'une somme *multiple*. Par exemple, nous allons démontrer dans la Proposition 2 au chapitre 8 (voir aussi le chapitre 7) que

$$(-1)^n \sum_{j=0}^n \left(\frac{n}{2}-j\right) \binom{n}{j}^4 \binom{n+j}{n}\binom{2n-j}{n}$$
$$\cdot \left(5H_j - 5H_{n-j} + H_{2n-j} - H_{n+j} + \frac{1}{\frac{n}{2}-j}\right)$$
$$= -\sum_{0 \leq i \leq j \leq n} (-1)^j \binom{n}{j}\binom{n}{i}^2 \binom{n+j}{n}\binom{n+j-i}{n}.$$

Évidemment cette identité démontre que le coefficient $\mathbf{p}_{3,n}(1)$ dans (5.2) est un nombre entier. Plus généralement, la Proposition 2 donne la démonstration du Théorème 1 pour le coefficient dominant dans le cas où $r=1$.

Malheureusement, les identités de la Proposition 2 ne suffisent pas pour démontrer le Théorème 1 pour les autres coefficients. Pour cela, nous avons cherché des identités plus générales entre une somme simple et une somme multiple, le résultat étant donné par les deux identités des Théorèmes 8 et 9 au chapitre 6. Voir le chapitre 7 pour savoir comment nous avons été conduits à ces identités.

Comme conséquence (voir les Corollaires 3 à 6 au chapitre 10), nous obtenons une expression alternative pour la somme

$$\sum_{j=0}^n \left(\frac{n}{2}-j+\varepsilon\right) \left(\frac{n!}{(1-\varepsilon)_j (1+\varepsilon)_{n-j}}\right)^A \binom{n+j-\varepsilon}{n}^B \binom{2n-j+\varepsilon}{n}^B, \quad (5.3)$$

sous la forme $\varepsilon \cdot \Sigma$, où Σ est une somme multiple dont tous les sommandes sont (essentiellement) des produits de coefficients binomiaux. Selon (2.13) et (2.15) (pour $r=1$), le coefficient $\mathbf{p}_{l,n}((-1)^A)$ résulte de (5.3) en appliquant l'opérateur $\frac{1}{(A-l)!}\frac{\partial^{A-l}}{\partial \varepsilon^{A-l}}$ à l'expression (5.3) (au signe près), et en posant ensuite $\varepsilon = 0$. Grâce à l'expression équivalente $\varepsilon \cdot \Sigma$, le coefficient $\mathbf{p}_{l,n}((-1)^A)$ s'obtient donc aussi en appliquant l'opérateur $\frac{1}{(A-l-1)!}\frac{\partial^{A-l-1}}{\partial \varepsilon^{A-l-1}}$ à la somme multiple Σ, et en posant ensuite également $\varepsilon = 0$. (C'est le contenu de (12.1) dans un contexte un peu plus général.) Le point important de cet argument est que ce ne sont que $A-l-1$ dérivées qui sont appliquées à Σ, au lieu des $A-l$ dérivées qui ont été appliquées

5. LE PRINCIPE DES DÉMONSTRATIONS DES THÉORÈMES 1 À 6

au coefficient originel $\mathbf{p}_{l,n}\left((-1)^A\right)$. En utilisant plusieurs lemmes concernant des propriétés arithmétiques de « briques » (voir les Lemmes 9 et 10 au chapitre 11), il devient maintenant possible de montrer qu'il suffit de multiplier ce coefficient par d_n^{A-l-1} pour obtenir un nombre entier. (On peut adopter le « principe » que chaque fois que l'on applique une dérivée à une expression qui est un produit des coefficients binomiaux, il faut multiplier par d_n pour obtenir un nombre entier.) Cette même approche fonctionne aussi pour démontrer le Théorème 1 dans le cas où r est quelconque : voir le chapitre 12.

Pour le coefficient $\mathbf{p}_{0,C,n}\left((-1)^A\right)$, il faut choisir une autre stratégie puisque la forme de l'expression qui définit $\mathbf{p}_{0,C,n}\left((-1)^A\right)$ est d'une nature différente. Plus précisément, selon (2.14) avec $r=1$, le coefficient $\mathbf{p}_{0,C,n}\left((-1)^A\right)$ s'exprime sous forme d'une somme (sur e et i) des expressions (voir (13.2))

$$\frac{1}{i^{e+C}} \sum_{j=i}^{n} \left(\frac{n}{2} - j + \varepsilon\right) \left(\frac{n!}{(1-\varepsilon)_j (1+\varepsilon)_{n-j}}\right)^A \binom{n+j-\varepsilon}{n}^B \binom{2n-j+\varepsilon}{n}^B, \tag{5.4}$$

auxquelles on applique l'opérateur $\frac{1}{(A-e)!} \frac{\partial^{A-e}}{\partial \varepsilon^{A-e}}$ et on pose ensuite également $\varepsilon = 0$. (C'est le contenu de (13.2) dans un contexte un peu plus général.) Contrairement au cas des autres coefficients, l'identité du Théorème 8 joue ici le rôle principal en nous permettant d'écrire (5.4) d'une façon différente : cette fois-ci sous la forme $\frac{i-\varepsilon}{2i^{e+C}} \tilde{\Sigma}$, où $\tilde{\Sigma}$ est une somme multiple dont tous les sommandes sont essentiellement des produits de coefficients binomiaux (voir la Proposition 7 au chapitre 13). On applique alors les mêmes arguments que ci-dessus à la somme multiple $\tilde{\Sigma}$.

Pour démontrer les Théorèmes 3 à 6, nous suivons la même approche, mais il faut raffiner l'analyse arithmétique des sommandes de Σ et $\tilde{\Sigma}$ (voir les chapitres 14 et 15).

CHAPITRE 6

Deux identités entre une somme simple et une somme multiple

Nous présentons ici deux identités de type hypergéométrique entre une série très bien équilibrée et une somme multiple. Ces deux identités sont centrales dans les démonstrations des nos résultats principaux au chapitre 3. Plus précisément, ce sont leurs cas spéciaux, énoncés aux chapitres 8 à 10, qui sont utilisés dans les démonstrations aux chapitres 12 à 15.

La première identité est une conséquence d'une identité de nature hypergéométrique basique, due à Andrews [3, Theorem 4] : si l'on remplace dans le théorème d'Andrews a par q^a, b_j par q^{b_j}, c_j par q^{c_j}, k par $m+1$, N par n, m_j par $i_j - i_{j-1}$, pour chaque j (avec la convention $i_0 = 0$), et que l'on fait tendre q vers 1, on obtient l'identité énoncée dans le théorème suivant.

THÉORÈME 8 (ANDREWS). *Pour tous entiers $m, n \geq 0$, on a*

$$_{2m+5}F_{2m+4}\left[\begin{array}{c} a, \frac{a}{2}+1, b_1, c_1, \ldots, b_{m+1}, c_{m+1}, -n \\ \frac{a}{2}, 1+a-b_1, 1+a-c_1, \ldots, 1+a-b_{m+1}, 1+a-c_{m+1}, 1+a+n \end{array}; 1\right]$$

$$= \frac{(1+a)_n (1+a-b_{m+1}-c_{m+1})_n}{(1+a-b_{m+1})_n (1+a-c_{m+1})_n} \sum_{0 \leq i_1 \leq i_2 \leq \cdots \leq i_m \leq n} \frac{(-n)_{i_m}}{(b_{m+1}+c_{m+1}-a-n)_{i_m}}$$

$$\cdot \left(\prod_{k=1}^{m} \frac{(1+a-b_k-c_k)_{i_k-i_{k-1}} (b_{k+1})_{i_k} (c_{k+1})_{i_k}}{(i_k-i_{k-1})! (1+a-b_k)_{i_k} (1+a-c_k)_{i_k}}\right), \quad (6.1)$$

où, par définition, $i_0 = 0$ et où, dans le cas $m = 0$, la somme vide doit être interprétée comme valant 1.

La démonstration de ce théorème dans [3] utilise la transformation de Whipple entre une série $_4F_3$ balancée et une série $_7F_6$ très bien équilibrée (voir [44, (2.4.1.1)]) :

$$_4F_3\left[\begin{array}{c} a, b, c, -N \\ e, f, 1+a+b+c-e-f-N \end{array}; 1\right] = \frac{(-a-b+e+f)_N (-a-c+e+f)_N}{(-a+e+f)_N (-a-b-c+e+f)_N}$$

$$\times {}_7F_6\left[\begin{array}{c} -1-a+e+f, \frac{1}{2}-\frac{a}{2}+\frac{e}{2}+\frac{f}{2}, -a+f, -a+e, b, c, -N \\ -\frac{1}{2}-\frac{a}{2}+\frac{e}{2}+\frac{f}{2}, e, f, -a-b+e+f, -a-c+e+f, -a+e+f+N \end{array}; 1\right], \quad (6.2)$$

où N est un entier positif, et la formule de Pfaff–Saalschütz (voir [44, (2.3.1.3), Appendix (III.2)]) :

$$_3F_2\left[\begin{array}{c} a, b, -N \\ c, 1+a+b-c-N \end{array}; 1\right] = \frac{(c-a)_N (c-b)_N}{(c)_N (c-a-b)_N}, \quad (6.3)$$

19

où N est un entier positif, de façon itérative. En particulier, l'identité (6.1) se réduit à l'equation (6.2) pour $m = 1$.

La deuxième identité peut être considérée comme une variation de l'identité d'Andrews. Elle généralise une combinaison de la transformation de Whipple et une transformation entre deux séries $_4F_3$ balancées (voir (6.6)).

THÉORÈME 9. *Pour tous entiers $m, n \geq 1$, on a*

$$_{2m+5}F_{2m+4}\left[\begin{array}{c} a, \frac{a}{2}+1, b_1, c_1, \ldots, b_{m+1}, c_{m+1}, -n \\ \frac{a}{2}, 1+a-b_1, 1+a-c_1, \ldots, 1+a-b_{m+1}, 1+a-c_{m+1}, 1+a+n \end{array}; 1\right]$$

$$= \frac{(1+a)_n (1+a-b_m-c_{m+1})_n (1+a-b_{m+1}-c_{m+1})_n (1+a-c_m-c_{m+1})_n}{(1+a-b_m)_n (1+a-b_{m+1})_n (1+a-c_m)_n (1+a-c_{m+1})_n}$$

$$\times \sum_{0 \leq i_1 \leq i_2 \leq \cdots \leq i_m \leq n} \frac{(-n)_{i_m} (c_{m+1})_{i_m}}{(-a-n+b_m+c_{m+1})_{i_m} (-a-n+b_{m+1}+c_{m+1})_{i_m}}$$

$$\cdot \frac{(-1-2a-n+b_m+b_{m+1}+c_m+c_{m+1})_{i_m}}{(-a-n+c_m+c_{m+1})_{i_m}}$$

$$\cdot \frac{(-a-n+c_{m+1})_{i_m-i_{m-1}} (b_{m+1})_{i_{m-1}}}{(i_m-i_{m-1})! \, (-1-2a-n+b_m+b_{m+1}+c_m+c_{m+1})_{i_{m-1}}}$$

$$\cdot \left(\prod_{k=1}^{m-1} \frac{(1+a-b_k-c_k)_{i_k-i_{k-1}} (b_{k+1})_{i_k} (c_{k+1})_{i_k}}{(i_k-i_{k-1})! \, (1+a-b_k)_{i_k} (1+a-c_k)_{i_k}}\right), \quad (6.4)$$

où, par définition, $i_0 = 0$ et où, dans le cas $m = 1$, le produit vide doit être interprété comme valant 1.

DÉMONSTRATION. On commence avec l'identité d'Andrews (6.1). On reformule le membre de droite de cette identité en écrivant la somme sur i_m en notation hypergéométrique :

$$\frac{(1+a)_n (1+a-b_{m+1}-c_{m+1})_n}{(1+a-b_{m+1})_n (1+a-c_{m+1})_n}$$

$$\times \sum_{0 \leq i_1 \leq i_2 \leq \cdots \leq i_{m-1} \leq n} \left(\frac{(-n)_{i_{m-1}} (b_{m+1})_{i_{m-1}}}{(b_{m+1}+c_{m+1}-a-n)_{i_{m-1}} (1+a-b_m)_{i_{m-1}}} \right.$$

$$\cdot \frac{(c_{m+1})_{i_{m-1}}}{(1+a-c_m)_{i_{m-1}}} \left(\prod_{k=1}^{m-1} \frac{(1+a-b_k-c_k)_{i_k-i_{k-1}} (b_{k+1})_{i_k} (c_{k+1})_{i_k}}{(i_k-i_{k-1})! \, (1+a-b_k)_{i_k} (1+a-c_k)_{i_k}} \right)$$

$$\left. \cdot {}_4F_3\left[\begin{array}{c} c_{m+1}+i_{m-1}, b_{m+1}+i_{m-1}, 1+a-b_m-c_m, -n+i_{m-1} \\ 1+a-b_m+i_{m-1}, 1+a-c_m+i_{m-1}, b_{m+1}+c_{m+1}-a-n+i_{m-1} \end{array}; 1\right] \right). \quad (6.5)$$

On applique maintenant une transformation liant deux séries $_4F_3$ balancées (voir [**44**, (4.3.5.1)])

$$_4F_3\left[\begin{array}{c} a, b, c, -N \\ e, f, 1+a+b+c-e-f-N \end{array}; 1\right] = \frac{(e-a)_N (f-a)_N}{(e)_N (f)_N}$$

$$\times {}_4F_3\left[\begin{array}{c} -N, a, 1+a+c-e-f-N, 1+a+b-e-f-N \\ 1+a+b+c-e-f-N, 1+a-e-N, 1+a-f-N \end{array}; 1\right], \quad (6.6)$$

où N est un entier positif, à la série $_4F_3$ dans (6.5). Ensuite, on écrit la (nouvelle) série $_4F_3$ comme somme sur i_m. Enfin, après quelques modifications, on arrive au membre de droite de (6.4), ce qui démontre le théorème. □

CHAPITRE 7

Quelques explications

Avant de continuer, il nous semble bénéfique d'indiquer comment nous avons été menés aux identités des Théorèmes 8 et 9, et, en tout premier lieu, à certaines de leurs spécialisations les plus simples, données dans les diverses propositions du chapitre 8. L'impulsion initiale a été donnée par l'identité suivante :

$$\sum_{j=0}^{n} \frac{\mathrm{d}}{\mathrm{d}j}\left(\frac{n}{2}-j\right)\binom{n}{j}^4\binom{n+j}{n}\binom{2n-j}{n}$$
$$=-\sum_{0\leq i\leq j\leq n}(-1)^j\binom{n}{j}\binom{n}{i}^2\binom{n+j}{n}\binom{n+j-i}{n}$$
$$=(-1)^{n+1}\sum_{j=0}^{n}\binom{n}{j}^2\binom{n+j}{n}^2, \qquad (7.1)$$

où la « dérivée $\frac{\mathrm{d}}{\mathrm{d}j}$ avec j entier » doit être entendue au sens suivant :

$$\frac{\mathrm{d}}{\mathrm{d}j}\binom{n}{j} = \frac{\partial}{\partial\eta}\left(\frac{n!}{\Gamma(\eta+1)\,\Gamma(n-\eta+1)}\right)\Big|_{\eta=j}$$
$$= \binom{n}{j}(H_{n-j}-H_j) = \frac{\partial}{\partial\varepsilon}\left(\frac{n!}{(1+\varepsilon)_j\,(1-\varepsilon)_{n-j}}\right)\Big|_{\varepsilon=0}, \qquad (7.2)$$

où $\Gamma(x)$ désigne la fonction Gamma d'Euler, avec des identités similaires pour les autres coefficients binomiaux. On reconnaît à gauche les nombres $\mathbf{a}_n$ et à droite les nombres a_n, définis en (2.6) et (2.3) respectivement : nous avons déjà expliqué la découverte de l'égalité $\mathbf{a}_n = a_n$. La somme double au centre de (7.1) (qui a été déjà mentionné au chapitre 5) est apparue de façon très différente : dans [**45**], Sorokin a montré par des techniques d'approximants de Padé que l'intégrale

$$s_n = \int_0^1\int_0^1\int_0^1 \frac{x^n(1-x)^n y^n(1-y)^n z^n(1-z)^n}{(1-xy)^{n+1}(1-xyz)^{n+1}}\,\mathrm{d}x\,\mathrm{d}y\,\mathrm{d}z$$

est égale, pour tout entier $n\geq 0$, à la combinaison linéaire d'Apéry $2a_n\zeta(3)-b_n$. En développant le dénominateur de l'intégrande de s_n à l'aide du théorème binomial et après quelques manipulations élémentaires, on obtient la série double infinie

$$s_n = n!\sum_{1\leq\ell\leq k}\frac{(k-\ell+1)_n(\ell-n)_n}{(k)_{n+1}^2(\ell)_{n+1}}.$$

On décompose alors en éléments simples le sommande de s_n, ce qui permet de montrer que

$$s_n = \left((-1)^n\sum_{0\leq i\leq j\leq n}(-1)^j\binom{n}{j}\binom{n}{i}^2\binom{n+j}{n}\binom{n+j-i}{n}\right)2\zeta(2,1)+\tilde{r}_n\zeta(2)+r_n,$$

où, par définition, $\zeta(2,1) = \sum_{1 \le \ell < k} 1/(k^2\ell)$ est un polyzêta et où r_n, $\tilde{r}_n$ sont des rationnels dont les expressions sont très compliquées[1]. Or Euler a prouvé que $\zeta(2,1) = \zeta(3)$ (voir les *Opera Omnia* [**14**, p. 228]) : comme, conjecturalement, les nombres 1, $\zeta(2)$ et $\zeta(3)$ sont linéairement indépendants sur $\mathbb{Q}$, et compte-tenu du résultat de Sorokin, il est légitime d'affirmer que $\tilde{r}_n = 0$, que $r_n = -b_n$, et que la deuxième égalité de (7.1) a lieu. Pour prouver ces affirmations, nous allons montrer directement que l'on a bien l'identité

$$a_n = (-1)^n \sum_{0 \le i \le j \le n} (-1)^j \binom{n}{j} \binom{n}{i}^2 \binom{n+j}{n} \binom{n+j-i}{n},$$

(et on invoque ensuite l'irrationalité de $\zeta(2)$). Rappelons que les nombres a_n s'expriment sous la forme

$$a_n = {}_4F_3\left[\begin{matrix}-n, -n, n+1, n+1 \\ 1, 1, 1\end{matrix}; 1\right].$$

Compte-tenu des binomiaux $\binom{n}{j}\binom{n+j-i}{n}$, on peut étendre à l'infini la somme double de (7.1), notée ici A_n, sans changer sa valeur, puis mettre sous forme hypergéométrique la somme intérieure sur i :

$$\begin{aligned}A_n &= \sum_{j=0}^{\infty}\sum_{i=0}^{\infty}(-1)^j\binom{n}{j}\binom{n}{i}^2\binom{n+j}{n}\binom{n+j-i}{n} \\ &= \sum_{j=0}^{\infty}\frac{(-n)_j(n+1)_j^2}{j!^3}\,{}_3F_2\left[\begin{matrix}-n,-n,-j\\1,-j-n\end{matrix};1\right].\end{aligned}$$

On applique ensuite à la série ${}_3F_2$ l'une des transformations de Thomae (voir [**18**, (3.1.1)]) :

$${}_3F_2\left[\begin{matrix}-n,a,b\\d,e\end{matrix};1\right] = \frac{(e-b)_n}{(e)_n}\,{}_3F_2\left[\begin{matrix}-n,b,d-a\\d,1+b-e-n\end{matrix};1\right].$$

On obtient ainsi après quelques manipulations :

$$\begin{aligned}A_n &= \sum_{j=0}^{\infty}\frac{(-j)_j(-n)_j(n+1)_j^2}{j!^3(-j-n)_j}\,{}_3F_2\left[\begin{matrix}-n,-j,n+1\\1,1\end{matrix};1\right] \\ &= \sum_{j=0}^{\infty}\frac{(-j)_j(-n)_j(n+1)_j^2}{j!^3(-j-n)_j}\sum_{k=0}^{j}\frac{(-n)_k(-j)_k(n+1)_k}{k!^3} \\ &= \sum_{k=0}^{\infty}\sum_{j=k}^{\infty}\frac{(-j)_j(-j)_k(-n)_j(-n)_k(n+1)_j^2(n+1)_k}{j!^3\,k!^3\,(-j-n)_j} \\ &= \sum_{k=0}^{\infty}(-1)^k\frac{(-n)_k^2(n+1)_k^2}{k!^4}\,{}_2F_1\left[\begin{matrix}k-n,n+k+1\\k+1\end{matrix};1\right].\end{aligned}$$

---

[1] Il semble difficile de « voir » directement l'identité combinatoire $\tilde{r}_n = 0$ sur le développement en éléments simples de s_n. Voir le paragraphe 17.4 pour plus de détails concernant les séries multiples.

La série $_2F_1$ peut être sommée par la formule de Chu–Vandermonde (sous forme hypergéométrique ; voir [**44**, (1.7.7), Appendix (III.4)]) :
$$_2F_1\begin{bmatrix} a, -N \\ c \end{bmatrix}; 1 = \frac{(c-a)_N}{(c)_N}, \tag{7.3}$$
où N est un entier positif. D'où finalement :
$$A_n = \sum_{k=0}^{\infty} (-1)^k \frac{(-n)_k^2 (-n)_{n-k} (n+1)_k^2}{k!^4 (k+1)_{n-k}}$$
$$= \frac{(-n)_n}{n!} {_4F_3}\begin{bmatrix} -n, -n, n+1, n+1 \\ 1, 1, 1 \end{bmatrix}; 1 = (-1)^n a_n.$$

L'argument « divinatoire » utilisé plus haut peut se généraliser. En effet, au moyen de certains changements de variables birationnels, Fischler a montré dans [**15**] que les intégrales de Vasilyev (2.18) prennent la forme d'intégrales similaires à celle de Sorokin, ce qui est aussi une conséquence d'un théorème de Zlobin [**53**]. Plus précisément : si $E = 2e \geq 2$ est pair, alors
$$J_{E,n} = \int_{[0,1]^E} \prod_{j=1}^{e} \frac{x_j^n y_j^n (1-x_j)^n (1-y_j)^n}{(1-x_1 y_1 \cdots x_j y_j)^{n+1}} \, dx_j \, dy_j$$
et si $E = 2e+1 \geq 1$ est impair, alors
$$J_{E,n} = \int_{[0,1]^E} \prod_{j=1}^{e} \frac{x_j^n y_j^n (1-x_j)^n (1-y_j)^n}{(1-x_1 y_1 \cdots x_j y_j)^{n+1}} \, dx_j \, dy_j \cdot \frac{t^n (1-t)^n}{(1-x_1 y_1 \cdots x_e y_e t)^{n+1}} \, dt.$$

En effectuant un développement en série des intégrandes et en invoquant le théorème de Zudilin [**55**] (liant les intégrales de Vasilyev à certaines séries très bien équilibrées), on parvient à deviner les identités de la Proposition 2 au chapitre 8, entre une somme finie très bien équilibrée et une somme finie multiple. Un argument similaire (basé sur la comparaison du Théorème 1 de [**17**] et d'une intégrale de type Sorokin, due à Amoroso [**2**], au dernier paragraphe de [**17**]) nous a permis de deviner les identités de la Proposition 1 au chapitre 8.

Nous avons ensuite réussi à trouver la démonstration de ces deux identités : dans une version antérieure [**26**] du présent article, il s'agissait essentiellement de la démonstration du Théorème 7 (au paragraphe 9 de [**26**]) avec les paramètres spécialisés comme dans la démonstration de la Proposition 2, respectivement de la démonstration du Théorème 8 (au paragraphe 10 de [**26**]) avec les paramètres spécialisés comme dans la démonstration de la Proposition 1. Or dans ces démonstrations, on n'utilisait que des identités hypergéométriques très classiques qui autorisent une très grande liberté dans le choix des paramètres : nous en avons donc mis le plus possible, le résultat étant donné par les très généraux Théorèmes 7 et 8 de cette version antérieure.

Nous n'avons réalisé que beaucoup plus tard que ce Théorème 8 était en fait équivalent à l'identité d'Andrews, vieille de trente ans et citée ici au chapitre 6, tandis que ce Théorème 7 était simplement le résultat d'une combinaison de l'identité d'Andrews et de la transformation (6.6) comme expliqué ici dans la démonstration du Théorème 9. (Dans les deux cas, ces remarques valent à une inversion de l'ordre de sommation dans la somme simple près.)

Il est amusant de constater que la clé de la conjecture des dénominateurs était cachée dans la recherche d'une preuve *directe* (cas $A = 4$ de la Proposition 2) de l'égalité $\mathbf{a}_n = (-1)^n A_n$, et pas dans celle de $\mathbf{a}_n = a_n$, qui a pourtant lancé toute cette recherche.

CHAPITRE 8

Des identités hypergéométrico-harmoniques

Dans ce chapitre, nous nous intéressons au coefficient dominant[1] de la combinaison linéaire issue de $\mathbf{S}_{n,A,B,C,1}\left((-1)^A\right)$, c'est-à-dire au coefficient devant $\zeta(A+C-1)$, respectivement $\tilde{\zeta}(A+C-1)$, dans le développement (2.16). Ce coefficient est

$$(-1)^C \binom{A+C-2}{A-2} \mathbf{p}_{A-1,n}\left((-1)^A\right)$$

au paragraphe 2.4. En ignorant le signe et le coefficient binomial, nous noterons $P_n(A,B) = (-1)^{Bn+1} \mathbf{p}_{A-1,n}\left((-1)^A\right)$, c'est-à-dire explicitement, avec le symbole $\frac{\mathrm{d}}{\mathrm{d}j}$ entendu selon (7.2),

$$P_n(A,B) = \sum_{j=0}^{n} \frac{\mathrm{d}}{\mathrm{d}j}\left(\frac{n}{2}-j\right)\binom{n}{j}^A \binom{n+j}{n}^B \binom{2n-j}{n}^B$$

$$= \sum_{j=0}^{n} \left(\frac{n}{2}-j\right) \binom{n}{j}^A \binom{n+j}{n}^B \binom{2n-j}{n}^B$$

$$\cdot \left((A+B)H_{n-j} - (A+B)H_j + BH_{n+j} - BH_{2n-j} - \frac{1}{\frac{n}{2}-j}\right).$$

Les propositions[2] de ce chapitre montrent que les nombres $P_n(A,B)$ sont entiers, ce qui est surprenant en raison de la présence des nombres harmoniques. Sans le facteur $n/2 - j$, qui correspond au facteur très bien équilibrant $k + n/2$ de la série $\mathbf{S}_{n,A,B,C,1}\left((-1)^A\right)$, aucun ne serait entier. Remarquons que cette même conclusion découlera aussi des Corollaires 3 à 6 (sauf pour de petites valeurs de A ou B) en faisant tendre ε vers 0. De plus, ces corollaires nous permettront aussi de démontrer la Conjecture 3 pour les autres coefficients $\mathbf{p}_{l,n}\left((-1)^A\right)$, alors que c'est impossible avec l'approche qui mène aux propositions ci-dessous. Cependant, les identités exprimées par ces propositions sont beaucoup plus élégantes que celles que l'on déduit des corollaires cités, et elles ont donc un intérêt intrinsèque. Enfin, elles seront essentielles dans la démonstration du Théorème 4 au chapitre 14.

La Proposition 1 se déduit du Théorème 8, alors que les Propositions 2 à 5 résultent du Théorème 9, sauf quelques cas particuliers que l'on doit traiter « à la

---

[1] Ce n'est pas $\mathbf{p}_{A,n}\left((-1)^A\right)$ qui est toujours nul !

[2] Elles sont apparemment nouvelles. Il est curieux que, indépendamment de nous, Ahlgren a aussi découvert certaines identités équivalentes aux nôtres pour $P_n(A,0)$ avec $A \in \{1,\ldots,5\}$: il était motivé par l'étude [1] de congruences satisfaites par des nombres d'Apéry généralisés. Paule et Schneider [34] ont remarqué que l'on peut démontrer ces cinq identités en utilisant l'algorithme de Gosper–Zeilberger [13, 35, 51, 52]. Depuis, Chu et De Donno [11] ont, comme nous, montré que ces cinq identités (et beaucoup d'autres) peuvent être trouvées comme cas limite de sommations classiques pour les séries hypergéométriques.

main ». Notons que la restriction $0 \leq 2Br < A$ (avec ici $r = 1$) disparaît, puisque nous donnons des expressions de $P_n(A, B)$ pour tous les entiers $A \geq 0$ et $B \geq 0$. Cependant, sans cette restriction, la série $\mathbf{S}_{n,A,B,C,1}\left((-1)^A\right)$ peut être divergente et donc ne pas produire de combinaisons linéaires de valeurs de zêta : c'est en particulier le cas pour $A = 0$.

Dans tous les énoncés ci-dessous, le produit vide (par exemple, $\prod_{k=1}^{m-1}$ pour $m = 1$) doit être interprété comme égal à 1.

REMARQUE. On pourrait aussi démontrer des identités similaires pour un entier r quelconque, et pas seulement pour $r = 1$.

PROPOSITION 1. *Soit*

$$P_n(A, 0) = \sum_{j=0}^{n} \frac{\mathrm{d}}{\mathrm{d}j}\left(\frac{n}{2} - j\right)\binom{n}{j}^A.$$

Pour $A = 2m + 3 \geq 5$ impair, soit

$$p_n(A, 0) = \sum_{0 \leq i_1 \leq i_2 \leq \cdots \leq i_m \leq n} \prod_{k=1}^{m} \binom{n}{i_k}^2 \binom{n + i_{k+1} - i_k}{n},$$

où, par définition, $i_{m+1} = n$, et soient $p_n(3,0) = 1$ et $p_n(1,0) = (-1)^n$, et pour $A = 2m + 2 \geq 4$ pair, soient

$$p_n(A, 0) = \sum_{0 \leq i_1 \leq i_2 \leq \cdots \leq i_m \leq n} \binom{n}{i_m}^2 \prod_{k=1}^{m-1} \binom{n}{i_k}^2 \binom{n + i_{k+1} - i_k}{n},$$

$p_n(0, 0) = -(n+1)$ *et* $p_n(2, 0) = 0$. *Alors pour tous entiers $A \geq 0$ et $n \geq 0$, on a* $P_n(A, 0) = (-1)^{n+1} p_n(A, 0)$.

REMARQUE. Pour $A = 4$, on a aussi $P_n(4, 0) = (-1)^{n+1}\binom{2n}{n}$ puisque

$$p_n(4, 0) = \sum_{0 \leq i_1 \leq n} \binom{n}{i_1}^2 = \binom{2n}{n},$$

en vertu de l'identité de Chu–Vandermonde sous forme binomiale (voir par exemple [**19**, paragraphe 5.1, (5.27)]).

PROPOSITION 2. *Soit*

$$P_n(A, 1) = \sum_{j=0}^{n} \frac{\mathrm{d}}{\mathrm{d}j}\left(\frac{n}{2} - j\right)\binom{n}{j}^A \binom{n+j}{n}\binom{2n-j}{n}.$$

Pour $A = 2m + 1 \geq 3$ impair, soit

$$p_n(A, 1) = \sum_{0 \leq i_1 \leq i_2 \leq \cdots \leq i_m \leq n} \binom{n}{i_m}^2 \binom{n + i_m}{n} \prod_{k=1}^{m-1}\binom{n}{i_k}^2 \binom{n + i_{k+1} - i_k}{n},$$

et $p_n(1, 1) = (-1)^n$, et pour $A = 2m \geq 2$ pair, soit

$$p_n(A, 1) = \sum_{0 \leq i_1 \leq i_2 \leq \cdots \leq i_m \leq n} (-1)^{i_m}\binom{n}{i_m}\binom{n + i_m}{n} \prod_{k=1}^{m-1}\binom{n}{i_k}^2\binom{n + i_{k+1} - i_k}{n},$$

et $p_n(0, 1) = -\binom{2n+1}{n+1}$. Alors pour tous entiers $A \geq 0$ et $n \geq 0$, on a $P_n(A, 1) = (-1)^{An+1} p_n(A, 1)$.

REMARQUE. Pour $A = 2$, on a aussi $P_n(2,1) = (-1)^{n+1}$ puisque

$$p_n(2,1) = \sum_{i_1=0}^{n} (-1)^{i_1} \binom{n}{i_1} \binom{n+i_1}{n},$$

soit en termes hypergéométriques :

$$_2F_1\left[\begin{matrix} n+1, -n \\ 1 \end{matrix}; 1\right],$$

ce qui se simplifie à l'aide de l'identité de Chu–Vandermonde (7.3) en $(-1)^n$.

PROPOSITION 3. *Soit*

$$P_n(0,B) = \sum_{j=0}^{n} \frac{\mathrm{d}}{\mathrm{d}j}\left(\frac{n}{2}-j\right)\binom{n+j}{n}^B \binom{2n-j}{n}^B.$$

Pour $B \geq 2$, *soit*

$$p_n(0,B) = \sum_{0 \leq i_1 \leq i_2 \leq \cdots \leq i_{B-1} \leq n} (-1)^{i_{B-1}+i_{B-2}} \binom{n+i_{B-1}-i_{B-2}}{i_{B-1}-i_{B-2}} \binom{2n+1}{n-i_{B-1}}$$
$$\cdot \binom{n+i_{B-1}}{n}\binom{3n+1}{n-i_{B-2}} \prod_{k=1}^{B-2} \binom{2n-i_k}{n-i_{k-1}}\binom{n+i_{k-1}}{n}\binom{n+i_k}{n+i_{k-1}},$$

où, par définition, $i_0 = 0$. *Alors pour tous entiers* $B \geq 2$ *et* $n \geq 0$, *on a* $P_n(0,B) = (-1)^{n+1} p_n(0,B)$.

PROPOSITION 4. *Soit*

$$P_n(1,B) = \sum_{j=0}^{n} \frac{\mathrm{d}}{\mathrm{d}j}\left(\frac{n}{2}-j\right)\binom{n}{j}\binom{n+j}{n}^B \binom{2n-j}{n}^B.$$

Pour $B \geq 2$, *soit*

$$p_n(1,B) = \sum_{0 \leq i_1 \leq i_2 \leq \cdots \leq i_{B-1} \leq n} (-1)^{i_{B-1}+i_{B-2}} \binom{3n+1}{n-i_{B-1}}$$
$$\cdot \binom{n+i_{B-1}-i_{B-2}}{n}\binom{n+i_{B-1}}{n} \prod_{k=1}^{B-2} \binom{n}{i_k - i_{k-1}}\binom{2n-i_k}{n}\binom{n+i_k}{n},$$

où, par définition, $i_0 = 0$. *Alors pour tous entiers* $B \geq 2$ *et* $n \geq 0$, *on a* $P_n(1,B) = (-1)^{n+1} p_n(1,B)$.

PROPOSITION 5. *Soit*

$$P_n(A,B) = \sum_{j=0}^{n} \frac{\mathrm{d}}{\mathrm{d}j}\left(\frac{n}{2}-j\right)\binom{n}{j}^A \binom{n+j}{n}^B \binom{2n-j}{n}^B.$$

Pour $B \geq 2$ et $A = 2m+1 \geq 3$ impair, soit

$$p_n(A,B) = \sum_{0 \leq i_1 \leq i_2 \leq \cdots \leq i_{m+B-1} \leq n} (-1)^{i_{m+B-1}} \binom{n}{i_{m+B-1}} \binom{n+i_{m+B-1}}{n}$$

$$\cdot \binom{n+i_{m+B-1}-i_{m+B-2}}{n} \left(\prod_{k=B}^{m+B-2} \binom{n}{i_k}^2 \binom{n+i_k-i_{k-1}}{n} \right)$$

$$\cdot \binom{n}{i_{B-1}} \binom{2n-i_{B-1}}{n} \binom{n}{i_{B-1}-i_{B-2}} \left(\prod_{k=1}^{B-2} \binom{n+i_k}{n} \binom{2n-i_k}{n} \binom{n}{i_k-i_{k-1}} \right),$$

où, par définition, $i_0 = 0$, et pour $B \geq 2$ et $A = 2m+2 \geq 2$ pair, soit

$$p_n(A,B) = \sum_{0 \leq i_1 \leq i_2 \leq \cdots \leq i_{m+B-1} \leq n} \binom{n+i_{m+B-1}}{n}$$

$$\cdot \left(\prod_{k=B}^{m+B-1} \binom{n}{i_k}^2 \binom{n+i_k-i_{k-1}}{n} \right) \binom{n}{i_{B-1}} \binom{2n-i_{B-1}}{n} \binom{n}{i_{B-1}-i_{B-2}}$$

$$\cdot \left(\prod_{k=1}^{B-2} \binom{n+i_k}{n} \binom{2n-i_k}{n} \binom{n}{i_k-i_{k-1}} \right).$$

Alors pour tous entiers $A \geq 2$ et $B \geq 2$, on a $P_n(A,B) = (-1)^{(A+1)n+1} p_n(A,B)$.

En spécialisant la Proposition 1 en $A = 5$, on obtient l'identité suivante (aussi démontrée par Paule et Schneider [34]) qui fait intervenir les nombres α_n définis par (2.4) :

$$\sum_{j=0}^{n} \frac{\mathrm{d}}{\mathrm{d}j} \left(\frac{n}{2} - j \right) \binom{n}{j}^5 = (-1)^{n+1} \sum_{j=0}^{n} \binom{n}{j}^2 \binom{n+j}{n}.$$

L'ubiquité de ces nombres est remarquable puisque, en vertu du cas $A = 3$ de la Proposition 2, on a également :

$$\sum_{j=0}^{n} \frac{\mathrm{d}}{\mathrm{d}j} \left(\frac{n}{2} - j \right) \binom{n}{j}^3 \binom{n+j}{n} \binom{2n-j}{n} = (-1)^{n+1} \sum_{j=0}^{n} \binom{n}{j}^2 \binom{n+j}{n}.$$

Cette égalité prouve que l'on a bien $p_n = \alpha_n$, où les nombres p_n sont ceux définis par (2.9).

DÉMONSTRATION DE LA PROPOSITION 1. Le cas $A = 0$ est trivial et pour les cas $A = 1, 2, 3$, voir les Lemmes 1 à 3 ci-dessous. On suppose donc désormais que $A \geq 4$.

Considérons d'abord le cas où A est impair, $A = 2m+3$. Dans le Théorème 8, on spécialise $a = 2\varepsilon - n$, $b_1 = b_2 = \cdots = b_{m+1} = c_2 = \cdots = c_{m+1} = \varepsilon - n$, et enfin on fait tendre c_1 vers ∞. On simplifie ensuite les deux membres de (6.1) et on fait tendre ε vers 0, ce qui produit les nombres harmoniques dans le sommande de la série à gauche de (6.1).

Si A est pair, $A = 2m+2$, dans le Théorème 8 on fait tendre b_{m+1} et c_1 vers ∞, puis on spécialise $a = 2\varepsilon - n$ et $b_1 = b_2 = \cdots = b_m = c_2 = \cdots = c_{m+1} = \varepsilon - n$. On simplifie ensuite les deux membres de (6.1) et on fait finalement tendre ε vers 0. □

LEMME 1. *On a* $P_n(1, 0) = -1$.

8. DES IDENTITÉS HYPERGÉOMÉTRICO-HARMONIQUES

DÉMONSTRATION. Considérons l'expression

$$-\frac{1}{\varepsilon}\sum_{j=0}^{n}\left(\frac{n}{2}-j+\varepsilon\right)\frac{n!}{(1-\varepsilon)_j(1+\varepsilon)_{n-j}}.$$

La limite de cette expression quand $\varepsilon \to 0$ vaut $P_n(1,0)$. D'autre part, on peut réécrire cette somme finie comme une différence de deux sommes infinies, à savoir

$$-\frac{1}{\varepsilon}\sum_{j=0}^{\infty}\left(\frac{n}{2}-j+\varepsilon\right)\frac{n!}{(1-\varepsilon)_j(1+\varepsilon)_{n-j}} + \frac{1}{\varepsilon}\sum_{j=n+1}^{\infty}\left(\frac{n}{2}-j+\varepsilon\right)\frac{n!}{(1-\varepsilon)_j(1+\varepsilon)_{n-j}},$$

soit en notation hypergéométrique :

$$-\frac{(n+2\varepsilon)}{2\varepsilon}\frac{n!}{(1+\varepsilon)_n}\,_4F_3\!\left[\begin{array}{c}-2\varepsilon-n,1-\varepsilon-\frac{n}{2},-\varepsilon-n,1\\-\varepsilon-\frac{n}{2},1-\varepsilon,-2\varepsilon-n\end{array};-1\right]$$
$$+\frac{(n-2\varepsilon+2)\,n!}{2\,(1-\varepsilon)_{n+1}}\,_4F_3\!\left[\begin{array}{c}2-2\varepsilon+n,2-\varepsilon+\frac{n}{2},1-\varepsilon,1\\1-\varepsilon+\frac{n}{2},2-\varepsilon+n,2-2\varepsilon+n\end{array};-1\right].$$

Ces deux séries $_4F_3$ sont très bien équilibrées et on peut donc appliquer la sommation suivante (voir [**44**, (2.3.4.6) ; Appendix (III.10)]) :

$$_4F_3\!\left[\begin{array}{c}a,1+\frac{a}{2},b,c\\\frac{a}{2},1+a-b,1+a-c\end{array};-1\right]=\frac{\Gamma(1+a-b)\,\Gamma(1+a-c)}{\Gamma(1+a)\,\Gamma(1+a-b-c)}. \qquad (8.1)$$

Après quelques simplifications, on obtient ainsi

$$-\frac{n!}{2(1+\varepsilon)_n}-\frac{n!}{2(1-\varepsilon)_n}.$$

Après avoir fait tendre ε vers 0, cela vaut -1. $\square$

LEMME 2. *On a* $P_n(2,0) = 0$.

DÉMONSTRATION. Considérons l'expression

$$-\frac{1}{\varepsilon}\sum_{j=0}^{n}\left(\frac{n}{2}-j+\varepsilon\right)\left(\frac{n!}{(1-\varepsilon)_j(1+\varepsilon)_{n-j}}\right)^2.$$

La limite de cette expression quand ε tend vers 0 est $P_n(2,0)$. D'autre part, on peut réécrire cette somme finie comme une différence de deux sommes infinies, à savoir

$$-\frac{1}{\varepsilon}\sum_{j=0}^{\infty}\left(\frac{n}{2}-j+\varepsilon\right)\left(\frac{n!}{(1-\varepsilon)_j(1+\varepsilon)_{n-j}}\right)^2$$
$$+\frac{1}{\varepsilon}\sum_{j=n+1}^{\infty}\left(\frac{n}{2}-j+\varepsilon\right)\left(\frac{n!}{(1-\varepsilon)_j(1+\varepsilon)_{n-j}}\right)^2,$$

soit en notation hypergéométrique :

$$-\frac{(n+2\varepsilon)\,n!^2}{2\varepsilon\,(1+\varepsilon)_n^2}\,_5F_4\!\left[\begin{array}{c}-2\varepsilon-n,1-\varepsilon-\frac{n}{2},-\varepsilon-n,-\varepsilon-n,1\\-\varepsilon-\frac{n}{2},1-\varepsilon,1-\varepsilon,-2\varepsilon-n\end{array};1\right]$$
$$-\frac{\varepsilon\,(n-2\varepsilon+2)\,n!^2}{2\,(1-\varepsilon)_{n+1}^2}\,_5F_4\!\left[\begin{array}{c}2-2\varepsilon+n,2-\varepsilon+\frac{n}{2},1-\varepsilon,1-\varepsilon,1\\1-\varepsilon+\frac{n}{2},2-\varepsilon+n,2-\varepsilon+n,2-2\varepsilon+n\end{array};1\right].$$

La deuxième expression s'annule quand on fait tendre ε vers 0. La première série $_5F_4$ se traite à l'aide de la sommation suivante (voir [**44**, (2.3.4.5); Appendix (III.12)]) :

$$_5F_4\left[\begin{matrix}a, 1+\frac{a}{2}, b, c, d \\ \frac{a}{2}, 1+a-b, 1+a-c, 1+a-d\end{matrix}; 1\right]$$
$$= \frac{\Gamma(1+a-b)\,\Gamma(1+a-c)\,\Gamma(1+a-d)\,\Gamma(1+a-b-c-d)}{\Gamma(1+a)\,\Gamma(1+a-b-c)\,\Gamma(1+a-b-d)\,\Gamma(1+a-c-d)}. \quad (8.2)$$

Après quelques simplifications, on obtient

$$\frac{\varepsilon\,n!\,\Gamma(n)}{2\,(1+\varepsilon)_n^2},$$

qui tend vers 0 quand ε tend vers 0. $\square$

LEMME 3. *On a* $P_n(3,0) = (-1)^{n+1}$.

DÉMONSTRATION. Considérons l'expression

$$-\frac{1}{\varepsilon}\sum_{j=0}^{n}\left(\frac{n}{2}-j+\varepsilon\right)\left(\frac{n!}{(1-\varepsilon)_j\,(1+\varepsilon)_{n-j}}\right)^3.$$

La limite de cette expression quand ε tend vers 0 est $P_n(3,0)$. D'autre part, on peut réécrire cette somme finie comme une différence de deux sommes infinies, à savoir

$$-\frac{1}{\varepsilon}\sum_{j=0}^{\infty}\left(\frac{n}{2}-j+\varepsilon\right)\left(\frac{n!}{(1-\varepsilon)_j\,(1+\varepsilon)_{n-j}}\right)^3$$
$$+\frac{1}{\varepsilon}\sum_{j=n+1}^{\infty}\left(\frac{n}{2}-j+\varepsilon\right)\left(\frac{n!}{(1-\varepsilon)_j\,(1+\varepsilon)_{n-j}}\right)^3,$$

soit en notation hypergéométrique :

$$-\frac{(n+2\varepsilon)\,n!^3}{2\varepsilon\,(1+\varepsilon)_n^3}{}_6F_5\left[\begin{matrix}-2\varepsilon-n, 1-\varepsilon-\frac{n}{2}, -\varepsilon-n, -\varepsilon-n, -\varepsilon-n, 1 \\ -\varepsilon-\frac{n}{2}, 1-\varepsilon, 1-\varepsilon, 1-\varepsilon, -2\varepsilon-n\end{matrix}; -1\right]$$
$$-\frac{\varepsilon^2\,(n-2\varepsilon+2)\,n!^3}{2\,(1-\varepsilon)_{n+1}^3}$$
$$\times{}_6F_5\left[\begin{matrix}2-2\varepsilon+n, 2-\varepsilon+\frac{n}{2}, 1-\varepsilon, 1-\varepsilon, 1-\varepsilon, 1 \\ 1-\varepsilon+\frac{n}{2}, 2-\varepsilon+n, 2-\varepsilon+n, 2-\varepsilon+n, 2-2\varepsilon+n\end{matrix}; -1\right].$$

La deuxième expression s'annule quand ε tend vers 0. On applique cette fois-ci une transformation de la série $_6F_5$ restante en une série $_3F_2$ (voir [**7**, 4.4(2)]) :

$$_6F_5\left[\begin{matrix}a, 1+\frac{a}{2}, b, c, d, e \\ \frac{a}{2}, 1+a-b, 1+a-c, 1+a-d, 1+a-e\end{matrix}; -1\right]$$
$$= \frac{\Gamma(1+a-d)\,\Gamma(1+a-e)}{\Gamma(1+a)\,\Gamma(1+a-d-e)}{}_3F_2\left[\begin{matrix}1+a-b-c, d, e \\ 1+a-b, 1+a-c\end{matrix}; 1\right]. \quad (8.3)$$

On obtient ainsi

$$-\frac{n!^3}{2\,(1+\varepsilon)_n^3}{}_3F_2\left[\begin{matrix}-\varepsilon-n, 1, n+1 \\ 1-\varepsilon, 1-\varepsilon\end{matrix}; 1\right].$$

Ici, on doit être prudent et restreindre le paramètre ε aux valeurs négatives puisque, sinon, la série $_3F_2$ ne converge pas. On applique alors la transformation (voir [**7**, Ex. 7, p. 98]) :

$$_3F_2\left[\begin{matrix} a,b,c \\ d,e \end{matrix};1\right] = \frac{\Gamma(e)\,\Gamma(d+e-a-b-c)}{\Gamma(e-a)\,\Gamma(d+e-b-c)}\,_3F_2\left[\begin{matrix} a,d-b,d-c \\ d,d+e-b-c \end{matrix};1\right].$$

D'où

$$(-1)^{n+1}\frac{\Gamma(1-\varepsilon)^2\,n!^3\,(2\varepsilon+1)_n}{\Gamma(1-2\varepsilon)\,\Gamma(n+1)\,(1+\varepsilon)_n^3}\,_3F_2\left[\begin{matrix} -\varepsilon-n,-\varepsilon,-\varepsilon-n \\ 1-\varepsilon,-2\varepsilon-n \end{matrix};1\right].$$

On peut finalement faire tendre ε vers 0, ce qui donne $(-1)^{n+1}$. □

DÉMONSTRATION DE LA PROPOSITION 2. Pour les cas $A = 0,1,2,3$, voir les Lemmes 4 à 7 ci-dessous. On suppose donc désormais que $A \geq 4$.

Considérons d'abord le cas où A est impair, $A = 2m+1$. Dans le Théorème 9 on spécialise $a = 2\varepsilon - n$, $b_1 = b_2 = \cdots = b_m = c_2 = \cdots = c_m = \varepsilon - n$, $b_{m+1} = \varepsilon - n$, $c_{m+1} = n+\varepsilon+1$, et enfin on fait tendre c_1 vers ∞. On simplifie ensuite les deux membres de (6.4) et on fait tendre ε vers 0, ce qui produit les nombres harmoniques dans le sommande de la série à gauche de (6.4). On trouve l'identité annoncée.

Si A est pair, $A = 2m$, dans le Théorème 9, on fait tendre b_{m+1} et c_1 vers ∞, puis on spécialise comme ci-dessus $a = 2\varepsilon - n$, $b_1 = b_2 = \cdots = b_m = c_2 = \cdots = c_m = \varepsilon - n$, $c_{m+1} = n+\varepsilon+1$. On simplifie ensuite les deux membres de (6.4) et on fait finalement tendre ε vers 0. □

LEMME 4. *On a* $P_n(0,1) = -p_n(0,1)$.

DÉMONSTRATION. La série $P_n(0,1)$ est égale à

$$\lim_{\varepsilon\to 0}\frac{1}{(-\varepsilon)}\sum_{j=0}^{n}\left(\frac{n}{2}-j+\varepsilon\right)\binom{n+j-2\varepsilon}{n}\binom{2n-j}{n}.$$

En termes hypergéométriques, cette somme s'écrit

$$\lim_{\varepsilon\to 0}\frac{1}{(-\varepsilon)}\frac{(n+2\varepsilon)\,(1-2\varepsilon)_n\,(n+1)_n}{2\,n!^2}\,_5F_4\left[\begin{matrix} -2\varepsilon-n,1-\varepsilon-\frac{n}{2},1-2\varepsilon+n,1,-n \\ -\varepsilon-\frac{n}{2},-2n,-2\varepsilon-n,1-2\varepsilon \end{matrix};1\right].$$

On traite la série $_5F_4$ à l'aide de la sommation (8.2) et on arrive à

$$P_n(0,1) = -\lim_{\varepsilon\to 0}\frac{(1-2\varepsilon)_n\,(n+2)_n}{n!^2} = \binom{2n+1}{n},$$

d'où $P_n(0,1) = -p_n(0,1)$. □

LEMME 5. *On a* $P_n(1,1) = (-1)^{n+1}p_n(1,1)$.

DÉMONSTRATION. La série $P_n(1,1)$ est égale à

$$\lim_{\varepsilon\to 0}\frac{1}{(-\varepsilon)}\sum_{j=0}^{n}\left(\frac{n}{2}-j+\varepsilon\right)\frac{n!}{j!\,(1+2\varepsilon)_{n-j}}\binom{n+j-2\varepsilon}{n}\binom{2n-j}{n}.$$

En termes hypergéométriques, cette somme s'écrit

$$\lim_{\varepsilon\to 0}\frac{1}{(-\varepsilon)}\frac{(n+2\varepsilon)\,(1-2\varepsilon)_n\,(n+1)_n}{2\,n!\,(1+2\varepsilon)_n}\,_4F_3\left[\begin{matrix} -2\varepsilon-n,1-\varepsilon-\frac{n}{2},1-2\varepsilon+n,-n \\ -\varepsilon-\frac{n}{2},-2n,1-2\varepsilon \end{matrix};-1\right].$$

On traite la série $_4F_3$ à l'aide de la sommation (8.1) et on arrive à

$$P_n(1,1) = -\lim_{\varepsilon \to 0} \frac{(1-2\varepsilon)_n}{n!} = -1,$$

d'où $P_n(1,1) = (-1)^{n+1} p_n(1,1)$. □

LEMME 6. *On a* $P_n(2,1) = -p_n(2,1)$.

DÉMONSTRATION. Compte-tenu de la remarque juste après la Proposition 2, on a $p_n(2,1) = (-1)^n$. D'autre part, la série $P_n(2,1)$ est égale à

$$\lim_{\varepsilon \to 0} \frac{1}{(-\varepsilon)} \sum_{j=0}^{n} \left(\frac{n}{2} - j + \varepsilon\right) \binom{n}{j} \frac{n!}{(1-2\varepsilon)_j (1+2\varepsilon)_{n-j}} \binom{n+j-2\varepsilon}{n} \binom{2n-j}{n}.$$

En termes hypergéométriques, cette somme s'écrit

$$\lim_{\varepsilon \to 0} \frac{1}{(-\varepsilon)} \frac{\left(\frac{n}{2}+\varepsilon\right)(1-2\varepsilon)_n (2n)!}{(1+2\varepsilon)_n n!^2} {}_5F_4\left[\begin{array}{c} -2\varepsilon-n, 1-\varepsilon-\frac{n}{2}, 1-2\varepsilon+n, -n, -n \\ -\varepsilon-\frac{n}{2}, -2n, 1-2\varepsilon, 1-2\varepsilon \end{array}; 1\right].$$

On traite la série $_5F_4$ à l'aide de la sommation (8.2) et on arrive à

$$P_n(2,1) = -\lim_{\varepsilon \to 0}(-1)^n = (-1)^{n+1},$$

d'où $P_n(2,1) = -p_n(2,1)$. □

LEMME 7. *On a* $P_n(3,1) = (-1)^{n+1} p_n(3,1)$.

DÉMONSTRATION. Nous commençons avec $p_n(3,1)$, qui, par définition, vaut

$$\sum_{i_1=0}^{n} \binom{n}{i_1}^2 \binom{n+i_1}{n}.$$

On écrit cette série comme la limite

$$\lim_{\varepsilon \to 0} \sum_{i_1=0}^{\infty} \binom{n}{i_1} \binom{i_1+n}{n} \frac{n!}{(1+2\varepsilon)_{i_1}(1-\varepsilon)_{n-i_1}},$$

soit en termes hypergéométriques :

$$\lim_{\varepsilon \to 0} \frac{n!}{(1-\varepsilon)_n} {}_3F_2\left[\begin{array}{c} 1+n, \varepsilon-n, -n \\ 1, 1+2\varepsilon \end{array}; 1\right].$$

On applique à cette série $_3F_2$ la transformation (voir [**18**, (3.10.4), $q \to 1$, renversé] :

$$_3F_2\left[\begin{array}{c} x,y,-N \\ b,a \end{array}; 1\right] = \frac{(a-x, a-y)_N}{(a, a-x-y)_N} {}_6F_5\left[\begin{array}{c} -a-N+x+y, 1-\frac{a}{2}-\frac{N}{2}+\frac{x}{2}+\frac{y}{2}, \\ -\frac{a}{2}-\frac{N}{2}+\frac{x}{2}+\frac{y}{2}, b, \end{array}\right.$$
$$\left.\begin{array}{c} 1-a-b-N+x+y, x, y, -N \\ 1-a-N+y, 1-a-N+x, 1-a+x+y \end{array}; -1\right],$$
(8.4)

où N est un entier positif. On obtient ainsi l'expression suivante pour $p_n(3,1)$:

$$\lim_{\varepsilon \to 0} \frac{n!\,(2\varepsilon - n)_n\,(1 + \varepsilon + n)_n}{(1 - \varepsilon)_n\,(1 + 2\varepsilon)_n\,(\varepsilon)_n}$$
$$\cdot {}_6F_5\left[\begin{array}{c}-\varepsilon - n, 1 - \frac{\varepsilon}{2} - \frac{n}{2}, -\varepsilon - n, 1 + n, \varepsilon - n, -n \\ -\frac{\varepsilon}{2} - \frac{n}{2}, 1, -\varepsilon - 2n, 1 - 2\varepsilon, 1 - \varepsilon\end{array}; -1\right]$$
$$= (-1)^n \lim_{\varepsilon \to 0} \frac{2}{\varepsilon} \frac{(1 - 2\varepsilon)_n}{(1 + 2\varepsilon)_n} \sum_{j=0}^{n} \left(\frac{n}{2} - j + \frac{\varepsilon}{2}\right) \binom{n}{j} \frac{(n - j - \varepsilon + 1)_j}{(1 - \varepsilon)_j} \frac{(n + \varepsilon - j + 1)_j}{(1 - 2\varepsilon)_j}$$
$$\cdot \frac{(1 + j)_n}{(1 - \varepsilon)_n} \frac{(1 + \varepsilon + n)_{n-j}}{(1 + \varepsilon)_{n-j}}. \quad (8.5)$$

La somme sur j est égale à 0 pour $\varepsilon = 0$. Donc en appliquant le théorème de l'Hôpital, on a

$$p_n(3,1) = (-1)^{n+1} \sum_{j=0}^{n} \left(\frac{n}{2} - j\right) \binom{n}{j}^3 \binom{n+j}{n} \binom{2n-j}{n}$$
$$\cdot \left(2H_{n-j} - 6H_j - 2H_{2n-j} - \frac{1}{\frac{n}{2} - j} + C_1(n)\right),$$

où $C_1(n)$ est indépendant de j. Comme le terme

$$\left(\frac{n}{2} - j\right) \binom{n}{j}^3 \binom{n+j}{n} \binom{2n-j}{n}$$

change de signe quand on remplace j par $n - j$ (mais reste identique autrement), cette dernière expression est aussi égale à

$$(-1)^{n+1} \sum_{j=0}^{n} \left(\frac{n}{2} - j\right) \binom{n}{j}^3 \binom{n+j}{n} \binom{2n-j}{n}$$
$$\times \left(4H_{n-j} - 4H_j + H_{n+j} - H_{2n-j} - \frac{1}{\frac{n}{2} - j}\right),$$

ce qui est exactement la définition de $P_n(3,1)$, au signe près. $\square$

DÉMONSTRATION DE LA PROPOSITION 3. Dans le Théorème 9 on pose $m = B - 1$ et on spécialise $a = 2\varepsilon - n$, $b_1 = b_2 = \cdots = b_{B-1} = n + \varepsilon + 1$, $c_1 = c_2 = \cdots = c_{B-1} = \varepsilon - n$, $b_B = \varepsilon + 1$, $c_B = n + \varepsilon + 1$. On simplifie ensuite les deux membres de (6.4) et on fait tendre ε vers 0, ce qui produit les nombres harmoniques à dans le sommande de la série à gauche de (6.4). $\square$

DÉMONSTRATION DE LA PROPOSITION 4. Dans le Théorème 9 on pose encore $m = B - 1$ et on spécialise $a = 2\varepsilon - n$, $b_1 = b_2 = \cdots = b_{B-1} = n + \varepsilon + 1$, $c_1 = c_2 = \cdots = c_{B-1} = \varepsilon - n$, $c_B = n + \varepsilon + 1$, et finalement on fait tendre b_B vers ∞. On simplifie ensuite les deux membres de l'identité obtenue et on fait finalement tendre ε vers 0, ce qui produit les nombres harmoniques dans le sommande de la série à gauche de (6.4). $\square$

DÉMONSTRATION DE LA PROPOSITION 5. Considérons d'abord le cas où A est pair, $A = 2m + 2$. Dans le Théorème 9, on remplace m par $m + B - 1$. Si $m \geq 1$ on spécialise alors $a = 2\varepsilon - n$, $b_1 = b_2 = \cdots = b_{B-1} = \varepsilon - n$, $c_1 = c_2 = \cdots = c_{B-1} = n + \varepsilon + 1$, $b_B = b_{B+1} = \cdots = b_{m+B-1} = c_B = c_{B+1} = \cdots = c_{m+B-1} = \varepsilon - n$,

$b_{m+B} = \varepsilon - n$, $c_{m+B} = n + \varepsilon + 1$, et si $m = 0$ on spécialise $a = 2\varepsilon - n$, $b_1 = b_2 = \cdots = b_B = n + \varepsilon + 1$, $c_1 = c_2 = \cdots = c_B = \varepsilon - n$. On simplifie ensuite les deux membres de (6.4) et on fait tendre ε vers 0, ce qui produit les nombres harmoniques dans le sommande de la série à gauche de (6.4).

Si A est impair, $A = 2m + 1$, dans le Théorème 9, on remplace encore m par $m + B - 1$, on fait tendre b_{m+B} vers ∞, puis on spécialise comme ci-dessus $a_1 = 2\varepsilon - n$, $c_{m+B} = n+\varepsilon+1$, $b_1 = b_2 = \cdots = b_{B-1} = \varepsilon - n$, $c_1 = c_2 = \cdots = c_{B-1} = n + \varepsilon + 1$, $b_B = b_{B+1} = \cdots = b_{m+B-1} = c_B = c_{B+1} = \cdots = c_{m+B-1} = \varepsilon - n$, $c_{m+B} = n+\varepsilon+1$. On simplifie ensuite les deux membres de (6.4) et on fait finalement tendre ε vers 0. □

CHAPITRE 9

Corollaires au Théorème 8

Les corollaires suivants nous sont nécessaires pour démontrer les parties des résultats principaux (donnés au chapitre 3) qui concernent le coefficient « constant », c'est-à-dire les coefficients $\mathbf{p}_{0,C,n}\left((-1)^A\right)$, $p_{0,E,n}$ et $\mathbf{v}_n$ (voir les chapitres 13 à 15).

COROLLAIRE 1. *Soient A, B, r des nombres entiers tels que A soit pair, $A \geq 2$, $B \geq 0$ et $r \geq 0$. Alors, on a*

$$\sum_{j=k}^{n}\left(\frac{n}{2}-j+\varepsilon\right)\left(\frac{n!}{(1-\varepsilon)_j(1+\varepsilon)_{n-j}}\right)^A \binom{rn+j-\varepsilon}{rn}^B \binom{(r+1)n-j+\varepsilon}{rn}^B$$
$$=-\frac{k-\varepsilon}{2}\sum_{0\leq i_1\leq\cdots\leq i_{A/2+B}\leq n-k}(-1)^{i_{A/2+B-1}}\frac{i_{A/2+B}!}{i_1!(i_2-i_1)!\cdots(i_{A/2+B}-i_{A/2+B-1})!}$$
$$\cdot\left(\prod_{j=1}^{B}\frac{(1-\varepsilon)_{rn+k+i_{j-1}}}{(rn)!(1-\varepsilon)_{k+i_{j-1}}}\frac{(1+\varepsilon)_{(r+1)n-k-i_j}}{(rn-i_j+i_{j-1})!(1+\varepsilon)_{n-k-i_{j-1}}}\right)$$
$$\cdot\frac{n!}{(1-\varepsilon)_{k+i_B}(1+\varepsilon)_{n-k-i_B}}$$
$$\cdot\left(\prod_{j=B+1}^{A/2+B-1}\frac{n!}{(1-\varepsilon)_{k+i_j}(1+\varepsilon)_{n-k-i_j}}\frac{(n+i_j-i_{j-1})!}{(1-\varepsilon)_{k+i_j}(1+\varepsilon)_{n-k-i_{j-1}}}\right)$$
$$\cdot\frac{n!\,(\varepsilon)_{i_{A/2+B}-i_{A/2+B-1}}(1-2\varepsilon)_{k+i_{A/2+B-1}}(1-\varepsilon)_{n-i_{A/2+B-1}}}{(1-\varepsilon)_n(1-2\varepsilon)_{k-1}(1-\varepsilon)_{k+i_{A/2+B}}(1+\varepsilon)_{n-k-i_{A/2+B}}}, \quad (9.1)$$

où, par définition, $i_0 = 0$ et où, dans le cas $A = 2$ ou $B = 0$, un produit vide doit être interprété comme valant 1.

DÉMONSTRATION. En utilisant la notation hypergéométrique, on écrit le membre de gauche de la façon suivante :

$$\left(\frac{n}{2}-k+\varepsilon\right)\left(\frac{n!}{(1-\varepsilon)_k(1+\varepsilon)_{n-k}}\right)^A\binom{rn+k-\varepsilon}{rn}^B\binom{(r+1)n-k+\varepsilon}{rn}^B$$
$$\times\lim_{\delta\to 0}\left({}_{A+2B+5}F_{A+2B+4}\left[\begin{array}{c}-n+2k-2\varepsilon,-\frac{n}{2}+k-\varepsilon+1,-n+k-\varepsilon,\ldots,\\-\frac{n}{2}+k-\varepsilon,k-\varepsilon+1,\ldots,\end{array}\right.\right.$$
$$\left.\left.\begin{array}{c}rn+k-\varepsilon+1,\ldots,1,k-2\varepsilon-\delta+1,-n+k\\-(r+1)n+k-\varepsilon,\ldots,-n+2k-2\varepsilon,-n+k+\delta,k-2\varepsilon+1\end{array};1\right]\right),$$

où $-n+k-\varepsilon$ et $k-\varepsilon+1$ apparaissent respectivement $A+B$ fois, où $rn+k-\varepsilon+1$ et $-(r+1)n+k-\varepsilon$ apparaissent respectivement B fois. On remarque l'apparition des termes « artificiels » $k - 2\varepsilon - \delta + 1, -n + k$ en haut et $-n + k + \delta, k - 2\varepsilon + 1$ en bas qui disparaissent lorsque $\delta \to 0$: ils garantissent (plus précisément, le terme $-n + k$ en haut) que la série est une somme finie.

On pose $m = A/2 + B$, $a = -n + 2k - 2\varepsilon$, $b_1 = b_2 = \cdots = b_B = -n + k - \varepsilon$, $c_1 = c_2 = \cdots = c_B = rn + k - \varepsilon + 1$, $b_{B+1} = b_{B+2} = \cdots = b_{A/2+B-1} = c_{B+1} = c_{B+2} = \cdots = c_{A/2+B-1} = -n + k - \varepsilon$, $b_{A/2+B} = -n + k - \varepsilon$, $c_{A/2+B} = k - 2\varepsilon - \delta + 1$, $b_{A/2+B+1} = -n + k - \varepsilon$, $c_{A/2+B+1} = 1$, $N = n - k$ dans le Théorème 8. Le résultat en découle après quelques manipulations immédiates. □

COROLLAIRE 2. *Soient A, B, r des nombres entiers tels que A soit impair, $A \geq 3$, $B \geq 0$ et $r \geq 0$. Alors, on a*

$$\sum_{j=k}^{n} \left(\frac{n}{2} - j + \varepsilon\right) \left(\frac{n!}{(1-\varepsilon)_j (1+\varepsilon)_{n-j}}\right)^A \binom{rn + j - \varepsilon}{rn}^B \binom{(r+1)n - j + \varepsilon}{rn}^B$$

$$= -\frac{k - \varepsilon}{2} \sum_{0 \leq i_1 \leq \cdots \leq i_{(A+1)/2+B} \leq n-k} (-1)^{i_{(A-1)/2+B}}$$

$$\cdot \frac{i_{(A+1)/2+B}!}{i_1! (i_2 - i_1)! \cdots (i_{(A+1)/2+B} - i_{(A-1)/2+B})!} \frac{n!}{(1-\varepsilon)_k (1+\varepsilon)_{n-k}}$$

$$\cdot \left(\prod_{j=2}^{B+1} \frac{(1-\varepsilon)_{rn+k+i_{j-1}}}{(rn)! (1-\varepsilon)_{k+i_{j-1}}} \frac{(1+\varepsilon)_{(r+1)n-k-i_j}}{(rn - i_j + i_{j-1})! (1+\varepsilon)_{n-k-i_{j-1}}}\right)$$

$$\cdot \frac{n!}{(1-\varepsilon)_{k+i_{B+1}} (1+\varepsilon)_{n-k-i_{B+1}}}$$

$$\cdot \left(\prod_{j=B+2}^{(A-1)/2+B} \frac{n!}{(1-\varepsilon)_{k+i_j} (1+\varepsilon)_{n-k-i_j}} \frac{(n + i_j - i_{j-1})!}{(1-\varepsilon)_{k+i_j} (1+\varepsilon)_{n-k-i_{j-1}}}\right)$$

$$\cdot \frac{n! (\varepsilon)_{i_{(A+1)/2+B} - i_{(A-1)/2+B}} (1-2\varepsilon)_{k+i_{(A-1)/2+B}} (1-\varepsilon)_{n - i_{(A+1)/2+B} - 1}}{(1-\varepsilon)_n (1-2\varepsilon)_{k-1} (1-\varepsilon)_{k+i_{(A+1)/2+B}} (1+\varepsilon)_{n-k-i_{(A+1)/2+B}}}, \quad (9.2)$$

où, par définition, $i_0 = 0$ et où, dans le cas $A = 3$ ou $B = 0$, un produit vide doit être interprété comme valant 1.

DÉMONSTRATION. Cette démonstration est complètement analogue à la démonstration précédente. Cette fois-ci, on pose $m = (A+1)/2 + B$, $a = -n + 2k - 2\varepsilon$, $b_1 = b_2 = \cdots = b_{B+1} = -n + k - \varepsilon$, $c_2 = \cdots = c_{B+1} = rn + k - \varepsilon + 1$, $b_{B+2} = b_{B+3} = \cdots = b_{(A-1)/2+B} = c_{B+2} = c_{B+3} = \cdots = c_{(A-1)/2+B} = -n + k - \varepsilon$, $b_{(A+1)/2+B} = -n + k - \varepsilon$, $c_{(A+1)/2+B} = k - 2\varepsilon - \delta + 1$, $b_{(A+3)/2+B} = -n + k - \varepsilon$, $c_{(A+3)/2+B} = 1$, $N = n - k$ dans le Théorème 8, et finalement on fait tendre c_1 vers ∞. Ensuite le résultat en découle après quelques manipulations immédiates. □

CHAPITRE 10

Corollaires au Théorème 9

Les corollaires suivants nous sont nécessaires pour démontrer les parties des résultats principaux (donnés au chapitre 3) qui concernent les coefficients $\mathbf{p}_{l,n}\left((-1)^A\right)$, $p_{l,E,n}$, pour $l \geq 1$, et $\mathbf{u}_n$, (voir les chapitres 12 à 14).

COROLLAIRE 3. *Soient A, B, r des nombres entiers tels que A soit pair, $A \geq 2$, $B \geq 2$ et $r \geq 0$. Considérons*

$$S_{A,B,r}(n) = \sum_{j=0}^{n} \left(\frac{n}{2} - j + \varepsilon\right) \left(\frac{n!}{(1-\varepsilon)_j (1+\varepsilon)_{n-j}}\right)^A$$
$$\cdot \binom{rn+j-\varepsilon}{rn}^B \binom{(r+1)n-j+\varepsilon}{rn}^B.$$

Soit également

$$s_{A,B,r}(n) = \sum_{0 \leq i_1 \leq i_2 \leq \cdots \leq i_{A/2+B} \leq n} (-1)^{i_{A/2+B-1}+i_{A/2+B}} \frac{n!\,(1+\varepsilon)_{rn}\,(1-\varepsilon)_{rn}}{(1-\varepsilon)_n\,(rn)!^2}$$
$$\cdot \binom{(r+1)n+\varepsilon+1}{n-i_{A/2+B}} \binom{rn+i_{A/2+B}+\varepsilon}{(r-1)n+i_{A/2+B}}$$
$$\cdot \frac{(rn+i_{A/2+B}+1)!}{(1-\varepsilon)_{rn+i_{A/2+B}+1}} \binom{rn-\varepsilon+i_{A/2+B}-i_{A/2+B-1}}{i_{A/2+B}-i_{A/2+B-1}}$$
$$\cdot \binom{(r+1)n-\varepsilon+1}{rn+i_{A/2+B-1}+1} \frac{i_{A/2+B-1}!\,(1+2\varepsilon)_{i_{A/2+B-1}}}{(1+\varepsilon)_{i_{A/2+B-1}}(1+\varepsilon)_{i_{A/2+B-1}}} \binom{n+i_{A/2+B-1}-i_{A/2+B-2}}{i_{A/2+B-1}-i_{A/2+B-2}}$$
$$\cdot \left(\prod_{k=B}^{A/2+B-2} \binom{n+i_k-i_{k-1}}{i_k-i_{k-1}} \frac{n!}{(1+\varepsilon)_{i_k}(1-\varepsilon)_{n-i_k}} \frac{n!}{(1+\varepsilon)_{i_k}(1-\varepsilon)_{n-i_k}}\right)$$
$$\cdot \binom{rn}{i_{B-1}-i_{B-2}} \frac{n!}{(1+\varepsilon)_{i_{B-1}}(1-\varepsilon)_{n-i_{B-1}}} \frac{(1-\varepsilon)_{(r+1)n-i_{B-1}}}{(rn)!\,(1-\varepsilon)_{n-i_{B-1}}}$$
$$\cdot \left(\prod_{k=1}^{B-2} \binom{rn}{i_k-i_{k-1}} \binom{(r+1)n-i_k-\varepsilon}{rn} \binom{rn+i_k+\varepsilon}{rn}\right),$$

où, par définition, $i_0 = 0$ et où, dans les cas $A = 2$ ou $B = 2$, les produits vides doivent être interprétés comme valant 1. Alors,

$$S_{A,B,r}(n) = \varepsilon \cdot (-1)^n s_{A,B,r}(n).$$

DÉMONSTRATION. On spécialise $m = A/2 + B$, $a = 2\varepsilon - n$, $b_1 = b_2 = \cdots = b_{B-1} = \varepsilon - n$, $c_1 = c_2 = \cdots = c_{B-1} = rn + \varepsilon + 1$, $b_B = b_{B+1} = \cdots = b_{A/2+B-1} = c_B = c_{B+1} = \cdots = c_{A/2+B-1} = \varepsilon - n$, $b_{A/2+B} = 2\varepsilon + 1$, $c_{A/2+B} = 1$, $b_{A/2+B+1} = \varepsilon - n$ et $c_{A/2+B+1} = rn + \varepsilon + 1$ dans le Théorème 9. On écrit la série hypergéométrique à gauche de (6.4) comme une somme sur j, et ensuite on inverse l'ordre de sommation, c'est-à-dire, on remplace j par $n-j$. Après l'élimination de certains facteurs redondants et des simplifications des deux membres, on trouve l'identité annoncée. □

COROLLAIRE 4. *Soient A, B, r des nombres entiers tels que A soit pair, $A \geq 3$, $B \geq 2$ et $r \geq 0$. Soient c, d deux entiers tels que $c \geq 2$ et $d \geq 1$. Considérons*

$$S_{A,B,r}(n) = \sum_{j=0}^{n} \left(\frac{n}{2} - j + \varepsilon\right) \left(\frac{n!}{(1-\varepsilon)_j (1+\varepsilon)_{n-j}}\right)^A \cdot \binom{rn+j-\varepsilon}{rn}^B \binom{(r+1)n-j+\varepsilon}{rn}^B,$$

et soit

$$s_{A,B,r}(n) = \sum_{0 \leq i_1 \leq i_2 \leq \cdots \leq i_{(A+1)/2+B} \leq n} (-1)^{i_{(A-1)/2+B} + i_{(A+1)/2+B}}$$
$$\cdot \frac{n!\,(1+\varepsilon)_{rn}\,(1-\varepsilon)_{rn}}{(1-\varepsilon)_n\,(rn)!^2} \binom{(r+1)n+\varepsilon+1}{n-i_{(A+1)/2+B}} \binom{rn+i_{(A+1)/2+B}+\varepsilon}{(r-1)n+i_{(A+1)/2+B}}$$
$$\cdot \frac{(rn+i_{(A+1)/2+B}+1)!}{(1-\varepsilon)_{rn+i_{(A+1)/2+B}+1}} \binom{rn-\varepsilon+i_{(A+1)/2+B}-i_{(A-1)/2+B}}{i_{(A+1)/2+B}-i_{(A-1)/2+B}}$$
$$\cdot \binom{(r+1)n-\varepsilon+1}{rn+i_{(A-1)/2+B}+1} \frac{i_{(A-1)/2+B}!\,(1+2\varepsilon)_{i_{(A-1)/2+B}}}{(1+\varepsilon)_{i_{(A-1)/2+B}}(1+\varepsilon)_{i_{(A-1)/2+B}}}$$
$$\cdot \binom{n+i_{(A-1)/2+B}-i_{(A-3)/2+B}}{i_{(A-1)/2+B}-i_{(A-3)/2+B}}$$
$$\cdot \left(\prod_{k=B+1}^{(A-3)/2+B} \binom{n+i_k-i_{k-1}}{i_k-i_{k-1}} \frac{n!}{(1+\varepsilon)_{i_k}(1-\varepsilon)_{n-i_k}} \frac{n!}{(1+\varepsilon)_{i_k}(1-\varepsilon)_{n-i_k}}\right)$$
$$\cdot \frac{n!}{(1+\varepsilon)_{i_B}(1-\varepsilon)_{n-i_B}} \binom{rn}{i_{B-1}-i_{B-2}}$$
$$\cdot \frac{n!}{(1+\varepsilon)_{i_{B-1}}(1-\varepsilon)_{n-i_{B-1}}} \frac{(1-\varepsilon)_{(r+1)n-i_{B-1}}}{(rn)!\,(i_B-i_{B-1})!(1-\varepsilon)_{n-i_B}}$$
$$\cdot \left(\prod_{k=1}^{B-2} \binom{rn}{i_k-i_{k-1}} \binom{(r+1)n-i_k-\varepsilon}{rn} \binom{rn+i_k+\varepsilon}{rn}\right),$$

où, par définition, $i_0 = 0$ et où, dans les cas $A = 3$ ou $B = 2$, les produits vides doivent être interprétés comme valant 1. Alors,

$$S_{A,B,r}(n) = \varepsilon \cdot s_{A,B,r}(n).$$

DÉMONSTRATION. Dans le Théorème 9 on pose $m = (A+1)/2 + B$, on fait tendre c_B vers ∞, et puis on spécialise $a = 2\varepsilon - n$, $b_1 = b_2 = \cdots = b_{B-1} = \varepsilon - n$, $c_1 = c_2 = \cdots = c_{B-1} = rn + \varepsilon + 1$, $b_B = b_{B+1} = \cdots = b_{(A-1)/2+B} = c_{B+1} = \cdots = c_{(A-1)/2+B} = \varepsilon - n$, $b_{(A+1)/2+B} = 2\varepsilon + 1$, $c_{(A+1)/2+B} = 1$, $b_{(A+3)/2+B} = \varepsilon - n$ et $c_{(A+3)/2+B} = rn + \varepsilon + 1$. On écrit la série hypergéométrique à gauche de (6.4) comme une somme sur j, et ensuite on inverse l'ordre de sommation, c'est-à-dire, on remplace j par $n-j$. Après l'élimination de certains facteurs redondants et des simplifications des deux membres, on trouve alors l'identité annoncée. □

COROLLAIRE 5. *Soit A et r deux nombres entiers tels que A soit pair, $A \geq 2$ et $r \geq 0$, et soient*

$$S_{A,1,r}(n) = \sum_{j=0}^{n} \left(\frac{n}{2} - j + \varepsilon\right) \left(\frac{n!}{(1-\varepsilon)_j (1+\varepsilon)_{n-j}}\right)^A$$
$$\cdot \binom{rn + j - \varepsilon}{rn} \binom{(r+1)n - j + \varepsilon}{rn}$$

et

$$s_{A,1,r}(n) = \sum_{0 \leq i_1 \leq i_2 \leq \cdots \leq i_{A/2+1} \leq n} (-1)^{i_{A/2} + i_{A/2+1}} \frac{n!^2 (1-\varepsilon)_{rn}}{(1-\varepsilon)_n (1-\varepsilon)_n (rn)!}$$
$$\cdot \binom{(r+1)n + \varepsilon + 1}{n - i_{A/2+1}} \binom{rn + i_{A/2+1} + \varepsilon}{(r-1)n + i_{A/2+1}}$$
$$\cdot \frac{(rn + i_{A/2+1} + 1)!}{(1-\varepsilon)_{rn+i_{A/2+1}+1}} \binom{rn - \varepsilon + i_{A/2+1} - i_{A/2}}{i_{A/2+1} - i_{A/2}}$$
$$\cdot \binom{(r+1)n - \varepsilon + 1}{rn + i_{A/2} + 1} \frac{i_{A/2}! (1+2\varepsilon)_{i_{A/2}}}{(1+\varepsilon)_{i_{A/2}} (1+\varepsilon)_{i_{A/2}}} \binom{n + i_{A/2} - i_{A/2-1}}{i_{A/2} - i_{A/2-1}}$$
$$\cdot \left(\prod_{k=1}^{A/2-1} \binom{n + i_k - i_{k-1}}{i_k - i_{k-1}} \frac{n!}{(1+\varepsilon)_{i_k} (1-\varepsilon)_{n-i_k}} \frac{n!}{(1+\varepsilon)_{i_k} (1-\varepsilon)_{n-i_k}}\right),$$

où, par définition, $i_0 = 0$ et où, dans le cas $A = 2$, le produit vide doit être interprété comme valant 1. Alors,

$$S_{A,1,r}(n) = \varepsilon \cdot (-1)^n s_{A,1,r}(n).$$

DÉMONSTRATION. On spécialise $m = A/2 + 1$, $a = 2\varepsilon - n$, $b_1 = b_2 = \cdots = b_{A/2} = c_1 = c_2 = \cdots = c_{A/2} = \varepsilon - n$, $b_{A/2+1} = 2\varepsilon + 1$, $c_{A/2+1} = 1$, $b_{A/2+2} = \varepsilon - n$, $c_{A/2+2} = rn + \varepsilon + 1$ dans le Théorème 9. Puis, on simplifie les deux membres de l'identité (6.4) comme auparavant. □

COROLLAIRE 6. *Soit A et r deux nombres entiers tels que A soit impair, $A \geq 3$ et $r \geq 0$, et soient*

$$S_{A,1,r}(n) = \sum_{j=0}^{n} \left(\frac{n}{2} - j + \varepsilon\right) \left(\frac{n!}{(1-\varepsilon)_j (1+\varepsilon)_{n-j}}\right)^A$$
$$\cdot \binom{rn + j - \varepsilon}{rn} \binom{(r+1)n - j + \varepsilon}{rn}$$

et

$$s_{A,1,r}(n) = \sum_{0 \leq i_1 \leq i_2 \leq \cdots \leq i_{(A+3)/2} \leq n} (-1)^{i_{(A+1)/2} + i_{(A+3)/2}} \frac{n!\,(1-\varepsilon)_{rn}}{(1-\varepsilon)_n\,(rn)!}$$

$$\cdot \binom{(r+1)n + \varepsilon + 1}{n - i_{(A+3)/2}} \binom{rn + i_{(A+3)/2} + \varepsilon}{(r-1)n + i_{(A+3)/2}}$$

$$\cdot \frac{(rn + i_{(A+3)/2} + 1)!}{(1-\varepsilon)_{rn + i_{(A+3)/2} + 1}} \binom{rn - \varepsilon + i_{(A+3)/2} - i_{(A+1)/2}}{i_{(A+3)/2} - i_{(A+1)/2}}$$

$$\cdot \binom{(r+1)n - \varepsilon + 1}{rn + i_{(A+1)/2} + 1} \frac{i_{(A+1)/2}!\,(1+2\varepsilon)_{i_{(A+1)/2}}}{(1+\varepsilon)_{i_{(A+1)/2}}(1+\varepsilon)_{i_{(A+1)/2}}} \binom{n + i_{(A+1)/2} - i_{(A-1)/2}}{i_{(A+1)/2} - i_{(A-1)/2}}$$

$$\cdot \left(\prod_{k=2}^{(A-1)/2} \binom{n + i_k - i_{k-1}}{i_k - i_{k-1}} \frac{n!}{(1+\varepsilon)_{i_k}(1-\varepsilon)_{n-i_k}} \frac{n!}{(1+\varepsilon)_{i_k}(1-\varepsilon)_{n-i_k}} \right)$$

$$\cdot \frac{n!}{(1+\varepsilon)_{i_1}(1-\varepsilon)_{n-i_1}} \frac{n!}{i_1!(1-\varepsilon)_{n-i_1}},$$

où, par définition, $i_0 = 0$ et où, dans le cas $A = 3$, le produit vide doit être interprété comme valant 1. Alors,

$$S_{A,1,r}(n) = \varepsilon \cdot s_{A,1,r}(n).$$

DÉMONSTRATION. Dans le Théorème 9 on pose $m = (A+3)/2$, on fait tendre c_1 vers ∞, puis on spécialise $a = 2\varepsilon - n$, $b_1 = b_2 = \cdots = b_{(A+1)/2} = c_1 = c_2 = \cdots = c_{(A+1)/2} = \varepsilon - n$, $b_{(A+3)/2} = 2\varepsilon + 1$, $c_{(A+3)/2} = 1$, $b_{(A+5)/2} = \varepsilon - n$ et $c_{(A+5)/2} = rn + \varepsilon + 1$. Finalement, on simplifie les deux membres de l'identité (6.4) comme auparavant. □

CHAPITRE 11

Lemmes arithmétiques

Dans ce chapitre, nous compilons plusieurs lemmes arithméthiques dont nous avons besoin au cours des démonstrations des Théorèmes 1 à 6, aux chapitres 12 à 15. Les démonstrations de ces lemmes sont très similaires, à quelques variations près[1]. Pour un nombre premier p donné, notons $v_p(N)$ la valuation p-adique du nombre entier N. On utilisera constamment le fait que

$$v_p(s!) = \sum_{j=1}^{\infty} [s/p^j] \quad \text{et} \quad v_p(\mathrm{d}_n) = [\log_p(n)]. \tag{11.1}$$

Nous commençons avec un lemme de divisibilité très élémentaire où intervient le nombre

$$\Phi_n = \prod_{\substack{p \text{ premier} \\ \{n/p\} \in [2/3,1[}} p$$

de la Conjecture 2.

LEMME 8. *Pour tout entier $n > 0$ et tout entier j, $0 \leq j \leq n$, le nombre Φ_n divise*

$$\binom{n+j}{n}\binom{2n-j}{n}.$$

DÉMONSTRATION. On note $N = \{n/p\}$ et $J = \{j/p\}$ les parties fractionnaires de n/p et j/p. En posant

$$V_p = v_p\left(\binom{n+j}{n}\binom{2n-j}{n}\right),$$

on a donc

$$V_p \geq \left[\frac{n+j}{p}\right] - \left[\frac{n}{p}\right] - \left[\frac{j}{p}\right] + \left[\frac{2n-j}{p}\right] - \left[\frac{n}{p}\right] - \left[\frac{n-j}{p}\right] \tag{11.2}$$

$$\geq [N+J] + [2N-J] - [N-J].$$

Posons $U = [N+J] + [2N-J] - [N-J]$. Comme clairement $U \geq 0$, il suffit de montrer que, pour tout J, si $N \geq 2/3$, alors $U \geq 1$.

Fixons J quelconque et supposons que $N \geq 2/3$. On a toujours $-[N-J] \geq 0$ et $[N+J] \geq 0$; comme $N \geq 2/3$, on a aussi $[2N-J] \geq 0$. Pour que $U = 0$, il faut alors nécessairement que $[2N-J] = 0$ et $[N+J] = 0$, donc que $2N-J < 1$ et $N+J < 1$, dont on déduit que $N < 2/3$: contradiction. Donc pour tout J, l'hypothèse $N \geq 2/3$ implique que $U \geq 1$. Le lemme en découle. □

---

[1] Il serait possible d'énoncer un théorème général dont ces lemmes seraient alors des corollaires, mais cela n'ajouterait rien à la transparence des démonstrations.

Le deuxième lemme concerne les *briques élémentaires*, introduites par Zudilin dans [**56**] (et attribuées à Nesterenko). Étant donnés des entiers positifs α et β, une brique élémentaire est la fraction rationnelle (en t)

$$R(\alpha,\beta;t) = \begin{cases} \dfrac{(t+\beta)_{\alpha-\beta}}{(\alpha-\beta)!} & \text{si } \alpha \geq \beta, \\ \dfrac{(\beta-\alpha-1)!}{(t+\alpha)_{\beta-\alpha}} & \text{si } \alpha < \beta. \end{cases}$$

Les briques élémentaires satisfont aux propriétés arithmétiques suivantes (voir [**56**, paragraphe 7] ou [**32**, paragraphe 2]).

LEMME 9. *Si $\alpha \geq \beta$, alors pour tout entier $H \geq 0$,*

$$d_{\alpha-\beta}^H \cdot \frac{1}{H!} \frac{\partial^H}{\partial t^H} R(\alpha,\beta;t)\bigg|_{t=-k}$$

est un nombre entier pour tout nombre entier k, et si $\alpha_0 \leq \alpha < \beta \leq \beta_0$, alors

$$d_{\beta_0-\alpha_0-1}^H \cdot \frac{1}{H!} \frac{\partial^H}{\partial t^H} R(\alpha,\beta;t)(t+k)\bigg|_{t=-k}$$

est un nombre entier pour $k \in \{\alpha_0,\ldots,\beta_0-1\}$.

Les prochains lemmes concernent des *briques spéciales*, notées $R_1(\ldots)$, $R_2(\ldots)$, ..., $R_6(\ldots)$.

Le lemme suivant est utilisé dans les démonstrations du Théorème 1 (voir la Propositions 6 au chapitre 12 et la Proposition 7 au chapitre 13) et du Théorème 5 (au chapitre 14).

LEMME 10. *Pour des entiers $i,j,n,r \geq 0$, posons*

$$R_1(n,i,j;\varepsilon) = \frac{(rn)!}{n!^r}\binom{rn+i+\varepsilon}{(r-1)n+j}$$

et

$$R_2(n,i,j;\varepsilon) = \frac{(rn)!}{n!^r}\frac{(1-\varepsilon)_{rn}}{(rn)!}\frac{(rn+j+1)!}{(1-\varepsilon)_{rn+j+1}}\binom{rn-\varepsilon+j-i}{j-i}\binom{(r+1)n-\varepsilon+1}{rn+i+1}.$$

Alors, pour tout entier $H \geq 0$ et pour $0 \leq i,j \leq n$, le nombre

$$d_n^H \cdot \frac{1}{H!} \frac{\partial^H}{\partial \varepsilon^H} R_1(n,i,j;\varepsilon)\bigg|_{\varepsilon=0}$$

est un nombre entier, et pour tout entier $H \geq 0$ et pour $0 \leq i \leq j \leq n$, le nombre

$$d_n^H \cdot \frac{1}{H!} \frac{\partial^H}{\partial \varepsilon^H} R_2(n,i,j;\varepsilon)\bigg|_{\varepsilon=0} \tag{11.3}$$

est un nombre entier.

DÉMONSTRATION. Nous n'explicitons la démonstration que pour $R_2(n,i,j;\varepsilon)$, car celle pour $R_1(n,i,j;\varepsilon)$ est complètement similaire.

On arrange les termes dans (11.3) pour obtenir l'expression équivalente

$$d_n^H \cdot \frac{1}{H!} \frac{\partial^H}{\partial \varepsilon^H}\left(\frac{1}{n!^r}\binom{rn+j+1}{j-i}(n-i+1-\varepsilon)_{(r-1)n+j}(rn+j+2-\varepsilon)_{n-j}\right)\bigg|_{\varepsilon=0}. \tag{11.4}$$

Nous allons montrer que pour tous nombres entiers $f_1 < f_2 < \cdots < f_H$ appartenant à $[n-i+1, rn+j-i] \cup [rn+j+2, (r+1)n+1]$, le nombre

$$d_n^H \cdot \frac{1}{n!^r} \binom{rn+j+1}{j-i}(n-i+1)_{(r-1)n+j}\,(rn+j+2)_{n-j}\frac{1}{f_1 f_2 \cdots f_H} \qquad (11.5)$$

est un nombre entier. Évidemment, cela implique alors que (11.4), et donc aussi (11.3), est un nombre entier.

Selon (11.1), la valuation p-adique du nombre (11.5) est égale à

$$H \cdot [\log_p(n)] + \sum_{\ell=1}^{\infty} \left(\left[\frac{(r+1)n+1}{p^\ell}\right] - \left[\frac{rn+i+1}{p^\ell}\right] - \left[\frac{n-i}{p^\ell}\right] \right.$$
$$\left. + \left[\frac{rn+j-i}{p^\ell}\right] - \left[\frac{j-i}{p^\ell}\right] - r\left[\frac{n}{p^\ell}\right] \right) - \sum_{h=1}^{H} v_p(f_h). \qquad (11.6)$$

Il nous faut démontrer que cette quantité est positive.

On écrit l'expression (11.6) sous la forme

$$\sum_{\ell=1}^{[\log_p(n)]} \left(\left[\frac{(r+1)n+1}{p^\ell}\right] - \left[\frac{rn+i+1}{p^\ell}\right] - \left[\frac{n-i}{p^\ell}\right] \right.$$
$$\left. + \left[\frac{rn+j-i}{p^\ell}\right] - \left[\frac{j-i}{p^\ell}\right] - r\left[\frac{n}{p^\ell}\right] \right)$$
$$+ \sum_{\ell=[\log_p(n)]+1}^{\infty} \left(\left[\frac{(r+1)n+1}{p^\ell}\right] - \left[\frac{rn+i+1}{p^\ell}\right] + \left[\frac{rn+j-i}{p^\ell}\right] \right)$$
$$- \sum_{h=1}^{H} \left(v_p(f_h) - [\log_p(n)] \right). \qquad (11.7)$$

La somme dans la première ligne de (11.7) est évidemment positive. La somme dans la troisième ligne sera maximale si l'ensemble des f_i comprend tous le nombres divisibles par $p^{[\log_p(n)]}$ de l'ensemble de base $E = [n-i+1, rn+j-i] \cup [rn+j+2, (r+1)n+1]$. Par conséquent, on a

$$\sum_{h=1}^{H} \left(v_p(f_h) - [\log_p(n)] \right) \leq \sum_{f \in E,\, p^{[\log_p(n)]} | f} \left(v_p(f) - [\log_p(n)] \right)$$
$$\leq \sum_{\ell=[\log_p(n)]+1}^{\infty} \left(\left[\frac{(r+1)n+1}{p^\ell}\right] - \left[\frac{rn+j+1}{p^\ell}\right] + \left[\frac{rn+j-i}{p^\ell}\right] \right).$$

Lorsque $i \leq j$, la différence entre la deuxième et la troisième ligne de (11.7), et ainsi l'expression complète (11.7), est bien positive. $\square$

Le lemme suivant est utilisé dans la démonstration de la partie ii) du Théorème 1, voir la Proposition 7 au chapitre 13, et du Théorème 5 au chapitre 14.

LEMME 11. *Soit*

$$R_3(n,k,m_1,m_2;\varepsilon) = \frac{n!\,(1+\varepsilon)_{m_1-m_2-1}\,(1-2\varepsilon)_{k+m_2}\,(1-\varepsilon)_{n-m_1-1}}{(1-\varepsilon)_n\,(1-2\varepsilon)_{k-1}\,(1-\varepsilon)_{k+m_1}\,(1+\varepsilon)_{n-k-m_1}}.$$

Alors, pour tout $H \geq 0$ et $0 \leq m_2 < m_1 \leq n-k$, le nombre

$$\mathrm{d}_n^{H+1} \cdot \frac{1}{H!} \frac{\partial^H}{\partial \varepsilon^H} R_3(n,k,m_1,m_2;\varepsilon)\bigg|_{\varepsilon=0} \qquad (11.8)$$

est un nombre entier.

DÉMONSTRATION. On arrange les termes dans (11.8) pour obtenir l'expression équivalente

$$\mathrm{d}_n^{H+1} \cdot \frac{1}{H!} \frac{\partial^H}{\partial \varepsilon^H} \left(\frac{n!\,(k-2\varepsilon)_{m_2+1}\,(1+\varepsilon)_{m_1-m_2-1}}{(n-m_1-\varepsilon)_{m_1+1}\,(1-\varepsilon)_{k+m_1}\,(1+\varepsilon)_{n-k-m_1}} \right)\bigg|_{\varepsilon=0}. \qquad (11.9)$$

Nous allons montrer que, pour tous nombres entiers $1 \leq f_1 \leq f_2 \leq \cdots \leq f_H \leq n$, le nombre

$$\mathrm{d}_n^{H+1} \frac{n!\,(k-2\varepsilon)_{m_2+1}\,(1+\varepsilon)_{m_1-m_2-1}}{(n-m_1-\varepsilon)_{m_1+1}\,(1-\varepsilon)_{k+m_1}\,(1+\varepsilon)_{n-k-m_1}} \frac{1}{f_1 f_2 \cdots f_H} \qquad (11.10)$$

est un nombre entier. Évidemment, cela implique alors que (11.9), et donc aussi (11.8), est un nombre entier.

On démontre cet énoncé en vérifiant que la valuation p-adique de (11.10) est positive pour tout nombre premier p. Cette valuation p-adique est égale à

$$(H+1)\cdot[\log_p(n)] + \sum_{\ell=1}^{\infty} \left(\left[\frac{k+m_2}{p^\ell}\right] + \left[\frac{m_1-m_2-1}{p^\ell}\right] + \left[\frac{n-m_1-1}{p^\ell}\right] \right.$$
$$\left. - \left[\frac{k-1}{p^\ell}\right] - \left[\frac{k+m_1}{p^\ell}\right] - \left[\frac{n-k-m_1}{p^\ell}\right] \right) - \sum_{h=1}^{H} v_p(f_h). \qquad (11.11)$$

Si $p > n$, il est évident qu'elle est positive parce que toutes les quantités qui apparaissent sont nulles. Désormais, nous allons donc supposer que $p \leq n$.

En fait, les conditions sur k, n, m_1, m_2 impliquent que les termes de la série infinie dans (11.11) sont nuls pour $\ell > [\log_p(n)]$. On peut donc écrire l'expression (11.11) sous la forme

$$[\log_p(n)] + \sum_{\ell=1}^{[\log_p(n)]} \left(\left[\frac{k+m_2}{p^\ell}\right] + \left[\frac{m_1-m_2-1}{p^\ell}\right] + \left[\frac{n-m_1-1}{p^\ell}\right] \right.$$
$$\left. - \left[\frac{k-1}{p^\ell}\right] - \left[\frac{k+m_1}{p^\ell}\right] - \left[\frac{n-k-m_1}{p^\ell}\right] \right) - \sum_{h=1}^{H} \left(v_p(f_h) - [\log_p(n)] \right). \qquad (11.12)$$

Comme, par définition, $1 \leq f_h \leq n$ pour tout h, les termes de la somme sur h sont tous négatifs ou nuls. Par conséquent, il nous suffit à démontrer que les sommandes de la somme sur ℓ sont tous ≥ -1.

Pour ce faire, on note $N = \{n/p^\ell\}$, $K = \{k/p^\ell\}$, $M_1 = \{m_1/p^\ell\}$, $M_2 = \{m_2/p^\ell\}$ les parties fractionnaire de n/p^ℓ, k/p^ℓ, m_1/p^ℓ et m_2/p^ℓ. Avec ces notations, le sommande de (11.12) devient

$$[K+M_2] + \left[M_1 - M_2 - \frac{1}{p^\ell}\right] + \left[N - M_1 - \frac{1}{p^\ell}\right]$$
$$- \left[K - \frac{1}{p^\ell}\right] - [K+M_1] - [N-K-M_1]. \qquad (11.13)$$

Supposons que cette expression soit ≤ -2. Comme $-[K+M_1]-[N-K-M_1] \geq 0$, la deuxième ligne dans (11.13) est toujours positive. Compte-tenu du fait que les rationnels N et M_1 ont comme dénominateur p^ℓ, le terme $\left[N-M_1-\frac{1}{p^\ell}\right]$ est au moins -1. Donc, si l'expression (11.13) est ≤ -2, alors on a forcément $[K+M_2]=0$, $\left[M_1-M_2-\frac{1}{p^\ell}\right]=\left[N-M_1-\frac{1}{p^\ell}\right]=-1$ et $\left[K-\frac{1}{p^\ell}\right]=0$, c'est-à-dire

$$K + M_2 < 1, \tag{11.14}$$

$$M_1 - M_2 - \frac{1}{p^\ell} < 0, \tag{11.15}$$

$$N - M_1 - \frac{1}{p^\ell} < 0, \tag{11.16}$$

$$K - \frac{1}{p^\ell} \geq 0. \tag{11.17}$$

Nous distinguons deux cas : si $K+M_1 \geq 1$, alors la condition (11.14) et le fait que les dénominateurs de M_1 et M_2 sont p^ℓ impliquent que $M_1 \geq M_2 + \frac{1}{p^\ell}$. C'est une contradiction avec (11.15). D'autre part, si $K+M_1 < 1$, alors $[K+M_1]=0$ et donc $N-K-M_1 \geq 0$ (sinon $-[N-K-M_1]=1$ et alors l'expression (11.13) est ≥ -1). En combinant avec (11.16), on obtient $K < \frac{1}{p^\ell}$, ce qui contredit (11.17). L'expression (11.13) est donc ≥ -1, ce qui implique que (11.11) est bien positive. □

Pour démontrer le Théorème 5, nous avons besoin de deux lemmes portant sur deux autres types de briques spéciales, qui mettent en jeu le nombre

$$\tilde{\Phi}_n = \prod_{\substack{p \text{ premier},\ p<n \\ \{n/p\}\in[2/3,1[}} p.$$

LEMME 12. *Pour tout nombre entier $H \geq 0$ et pour $0 \leq i \leq n$, le nombre*

$$\tilde{\Phi}_n^{-1} \mathrm{d}_n^H \cdot \frac{1}{H!} \frac{\partial^H}{\partial \varepsilon^H} R_4(n,i;\varepsilon)\bigg|_{\varepsilon=0}, \tag{11.18}$$

est un nombre entier, où

$$R_4(n,i;\varepsilon) = \binom{n+i+\varepsilon}{n}\binom{2n-i-\varepsilon}{n}.$$

DÉMONSTRATION. On suit la démarche de la démonstration du Lemme 10. Il suffit de montrer que, pour tous nombres entiers $1 \leq f_1 \leq f_2 \leq \cdots \leq f_H$ tels que le multi-ensemble[2] $\{f_1, f_2, \ldots, f_H\}$ soit contenu dans le multi-ensemble $[i+1, n+i] \cup [n-i+1, 2n-i]$, le nombre

$$\tilde{\Phi}_n^{-1} \mathrm{d}_n^H \cdot \binom{n+i}{n}\binom{2n-i}{n} \frac{1}{f_1 f_2 \cdots f_H} \tag{11.19}$$

---

[2]Un *multi-ensemble* est un ensemble où l'on autorise des répétitions d'éléments. Un multi-ensemble $\mathcal{A}$ est contenu dans un multi-ensemble $\mathcal{B}$ si pour tout $x \in \mathcal{B}$ le nombre de répétitions de x dans $\mathcal{A}$ est au plus le nombre de répétitions de x dans $\mathcal{B}$.

est un nombre entier. Pour p premier avec $p < n$ et $\{n/p\} \in [2/3, 1[$, la valuation p-adique du nombre (11.19) est

$$-1 + H \cdot [\log_p(n)] + \sum_{\ell=1}^{\infty} \left(\left[\frac{n+i}{p^\ell}\right] - \left[\frac{i}{p^\ell}\right] - \left[\frac{n}{p^\ell}\right] \right.$$
$$\left. + \left[\frac{2n-i}{p^\ell}\right] - \left[\frac{n-i}{p^\ell}\right] - \left[\frac{n}{p^\ell}\right] \right) - \sum_{h=1}^{H} v_p(f_h)$$
$$= -1 + \sum_{\ell=1}^{[\log_p(n)]} \left(\left[\frac{n+i}{p^\ell}\right] - \left[\frac{i}{p^\ell}\right] - \left[\frac{n}{p^\ell}\right] + \left[\frac{2n-i}{p^\ell}\right] - \left[\frac{n-i}{p^\ell}\right] - \left[\frac{n}{p^\ell}\right] \right)$$
$$+ \sum_{\ell=[\log_p(n)]+1}^{\infty} \left(\left[\frac{n+i}{p^\ell}\right] + \left[\frac{2n-i}{p^\ell}\right] \right) - \sum_{h=1}^{H} (v_p(f_h) - [\log_p(n)]). \quad (11.20)$$

En procédant comme dans la démonstration du Lemme 10, on montre que la deuxième ligne du membre de droite de (11.20) est bien positive. D'autre part, le Lemme 8 montre que le terme pour $\ell = 1$ de la somme sur la première ligne est au moins 1. La valuation p-adique (11.20) est donc bien positive. Si $p \geq n$ ou $\{n/p\} \notin [2/3, 1[$, on procède de la même façon, et, dans ce cas, les arguments du Lemme 10 suffisent, c'est-à-dire, qu'il n'est pas nécessaire de les compléter par un lemme additionnel puisque $v_p(\tilde{\Phi}_n) = 0$ dans ce cas. □

Le lemme suivant est utilisé dans la démonstration du Théorème 5 au chapitre 14.

LEMME 13. *Pour tous entiers* $n, c, H \geq 0$ *et* $0 \leq j_0 \leq j_1 \leq \cdots \leq j_{c+1} \leq n$, *le nombre*

$$\tilde{\Phi}_n^{-1} \mathrm{d}_n^H \cdot \frac{1}{H!} \frac{\partial^H}{\partial \varepsilon^H} R_5(n, j_0, j_1, \ldots, j_{c+1}; \varepsilon) \bigg|_{\varepsilon=0} \quad (11.21)$$

est un nombre entier, où

$$R_5(n, j_0, j_1, \ldots, j_{c+1}; \varepsilon) = \binom{2n+\varepsilon+1}{n-j_{c+1}} \binom{n+j_{c+1}+\varepsilon}{j_{c+1}} \frac{(n+j_{c+1}+1)!}{(1-\varepsilon)_{n+j_{c+1}+1}}$$
$$\times \binom{n-\varepsilon+j_{c+1}-j_c}{j_{c+1}-j_c} \binom{2n-\varepsilon+1}{n+j_c+1} \binom{n+j_c-j_{c-1}}{j_c-j_{c-1}}$$
$$\times \left(\prod_{k=1}^{c-1} \binom{n+j_k-j_{k-1}}{j_k-j_{k-1}} \frac{n!}{(1+\varepsilon)_{j_k}(1-\varepsilon)_{n-j_k}} \right) \frac{(1-\varepsilon)_{2n-j_0}}{n!(1-\varepsilon)_{n-j_0}}.$$

DÉMONSTRATION. On suit de nouveau la démarche de la démonstration du Lemme 10. Il suffit en fait de montrer que, pour tous nombres entiers $1 \leq f_1 \leq f_2 \leq \cdots \leq f_H$ tels que le multi-ensemble $\{f_h : f_h > n\}$ soit contenu dans le multi-ensemble

$$E = [n + j_{c+1} + 2, 2n + 1] \cup [n+1, n + j_{c+1}] \cup [n+1, n + j_{c+1} - j_c]$$
$$\cup [n + j_{c+1} + 2, 2n + 1] \cup [n+1, 2n - j_0],$$

le nombre

$$\tilde{\Phi}_n^{-1} \mathrm{d}_n^H \cdot \binom{2n+1}{n-j_{c+1}} \binom{n+j_{c+1}}{j_{c+1}} \binom{n+j_{c+1}-j_c}{j_{c+1}-j_c} \binom{2n+1}{n+j_c+1}$$
$$\cdot \binom{n+j_c-j_{c-1}}{j_c-j_{c-1}} \left(\prod_{k=1}^{c-1} \binom{n+j_k-j_{k-1}}{j_k-j_{k-1}} \binom{n}{j_k} \right) \binom{2n-j_0}{n} \frac{1}{f_1 f_2 \cdots f_H}$$

$$= \tilde{\Phi}_n^{-1} \mathrm{d}_n^H \cdot \binom{2n+1}{n-j_{c+1}} \binom{n+j_{c+1}}{j_{c+1}} \binom{n+j_{c+1}-j_c}{j_{c+1}-j_c} \binom{2n+1}{n+j_c+1}$$
$$\cdot \binom{n+j_c-j_{c-1}}{j_c-j_{c-1}} \binom{2n-j_{c-1}}{n} \left(\prod_{k=1}^{c-1} \binom{n+j_k-j_{k-1}}{j_k} \binom{2n-j_{k-1}}{2n-j_k} \right) \frac{1}{f_1 f_2 \cdots f_H} \quad (11.22)$$

est un nombre entier. Pour p premier avec $p < n$ et $\{n/p\} \in [2/3, 1[$, la valuation p-adique du nombre (11.22) est

$$-1 + H \cdot [\log_p(n)] + \sum_{\ell=1}^{\infty} \left(\left[\frac{2n+1}{p^\ell}\right] - \left[\frac{n+j_{c+1}+1}{p^\ell}\right] - \left[\frac{n-j_{c+1}}{p^\ell}\right] \right.$$
$$+ \left[\frac{n+j_{c+1}}{p^\ell}\right] - \left[\frac{j_{c+1}}{p^\ell}\right] - \left[\frac{n}{p^\ell}\right] + \left[\frac{n+j_{c+1}-j_c}{p^\ell}\right] - \left[\frac{j_{c+1}-j_c}{p^\ell}\right] - \left[\frac{n}{p^\ell}\right]$$
$$+ \left[\frac{2n+1}{p^\ell}\right] - \left[\frac{n+j_c+1}{p^\ell}\right] - \left[\frac{n-j_c}{p^\ell}\right] + \left[\frac{n+j_c-j_{c-1}}{p^\ell}\right] - \left[\frac{j_c-j_{c-1}}{p^\ell}\right] - \left[\frac{n}{p^\ell}\right]$$
$$+ \left[\frac{2n-j_{c-1}}{p^\ell}\right] - \left[\frac{n}{p^\ell}\right] - \left[\frac{n-j_{c-1}}{p^\ell}\right] + \sum_{h=1}^{c-1} \left(\left[\frac{n+j_h-j_{h-1}}{p^\ell}\right] - \left[\frac{j_h}{p^\ell}\right] - \left[\frac{n-j_{h-1}}{p^\ell}\right] \right.$$
$$\left. \left. + \left[\frac{2n-j_{h-1}}{p^\ell}\right] - \left[\frac{2n-j_h}{p^\ell}\right] - \left[\frac{j_h-j_{h-1}}{p^\ell}\right] \right) \right) - \sum_{h=1}^{H} v_p(f_h)$$
$$= -1 + \sum_{\ell=1}^{[\log_p(n)]} U(\ell) + \sum_{\ell=[\log_p(n)]+1}^{\infty} U(\ell) - \sum_{h=1}^{H} (v_p(f_h) - [\log_p(n)]), \quad (11.23)$$

où $U(\ell)$ dénote le sommande de la somme sur ℓ. Notons que, si le sommande $v_p(f_h) - [\log_p(n)]$ de la somme sur h est strictement positif, alors forcement $f_h > n$: comme le multi-ensemble $\{f_h : f_h > n\}$ est contenu dans le multi-ensemble E, des arguments analogues à ceux du Lemme 10 montrent alors que

$$\sum_{h=1}^{H} (v_p(f_h) - [\log_p(n)]) \leq \sum_{\ell=[\log_p(n)]+1}^{\infty} \left(2\left[\frac{2n+1}{p^\ell}\right] - 2\left[\frac{n+j_{c+1}+1}{p^\ell}\right] \right.$$
$$\left. + \left[\frac{n+j_{c+1}}{p^\ell}\right] + \left[\frac{n+j_{c+1}-j_c}{p^\ell}\right] + \left[\frac{2n-j_0}{p^\ell}\right] \right)$$
$$\leq \sum_{\ell=[\log_p(n)]+1}^{\infty} U(\ell).$$

Il nous reste donc à démontrer que $\sum_{\ell=1}^{[\log_p(n)]} U(\ell) \geq 1$. Compte-tenu de la restriction $p < n$, cette somme est non-vide : comme tous les $U(\ell)$ sont visiblement positifs, il suffit donc simplement de démontrer que $U(1) \geq 1$. En oubliant plusieurs termes qui sont toujours positifs, nous allons démontrer l'inégalité plus forte

$$\left[\frac{n+j_{c+1}}{p}\right] - \left[\frac{j_{c+1}}{p}\right] - \left[\frac{n}{p}\right] + \left[\frac{n+j_{c+1}-j_c}{p}\right] - \left[\frac{j_{c+1}-j_c}{p}\right] - \left[\frac{n}{p}\right]$$
$$+ \left[\frac{2n+1}{p}\right] - \left[\frac{n+j_c+1}{p}\right] - \left[\frac{n-j_c}{p}\right] + \left[\frac{n+j_c-j_{c-1}}{p}\right] - \left[\frac{j_c-j_{c-1}}{p}\right] - \left[\frac{n}{p}\right]$$
$$+ \left[\frac{2n-j_{c-1}}{p}\right] - \left[\frac{n}{p}\right] - \left[\frac{n-j_{c-1}}{p}\right] \geq 1. \quad (11.24)$$

Pour ce faire, on définit $N = \{n/p\}$, $J_1 = \{j_{c-1}/p\}$, $J_2 = \{j_c/p\}$, $J_3 = \{j_{c+1}/p\}$. L'expression à gauche de (11.24) devient alors

$$[N+J_3] + [N+J_3-J_2] - [J_3-J_2] + \left[2N+\frac{1}{p}\right] - \left[N+J_2+\frac{1}{p}\right] - [N-J_2]$$
$$+ [N+J_2-J_1] - [J_2-J_1] + [2N-J_1] - [N-J_1]. \quad (11.25)$$

Supposons que cette expression soit nulle. Puisque, par hypothèse, $N \geq 2/3$, on a $[2N+\frac{1}{p}] = 1$ et, de plus,

$$[N+J_3] \geq 0, \quad [N+J_3-J_2] - [J_3-J_2] \geq 0,$$
$$-\left[N+J_2+\frac{1}{p}\right] \geq -1, \quad -[N-J_2] \geq 0,$$
$$[N+J_2-J_1] - [J_2-J_1] \geq 0, \quad [2N-J_1] \geq 0 \quad \text{et} \quad -[N-J_1] \geq 0.$$

Pour que l'expression (11.25) soit nulle, il faut donc que toutes ces inégalités soient en fait des égalités. En particulier, on a nécessairement

$$N+J_3 < 1, \quad N \geq J_2, \quad 2N-J_1 < 1 \quad \text{et} \quad N \geq J_1. \quad (11.26)$$

L'expression $[N+J_3-J_2] - [J_3-J_2]$ est nulle si et seulement si soit $J_3 \geq J_2$ (et $N+J_3-J_2 < 1$) soit $N+J_3-J_2 < 0$. De même, l'expression $[N+J_2-J_1]-[J_2-J_1]$ est nulle si et seulement si soit $J_2 \geq J_1$ (et $N+J_2-J_1 < 1$) soit $N+J_2-J_1 < 0$.

Si $N+J_2-J_1 < 0$, il s'ensuit de (11.26) que $N+J_2-J_1 \geq J_2 \geq 0$: contradiction. Le cas $N+J_3-J_2 < 0$ mène à une contradiction analogue à cause de l'inégalité $J_2 \leq N$ dans (11.26).

Il reste la possibilité que $J_3 \geq J_2 \geq J_1$. Dans ce cas, en utilisant de nouveau les inégalités dans (11.26), on a

$$2N-1 < J_1 \leq J_2 \leq J_3 < 1-N,$$

c'est-à-dire, $N < 2/3$, ce qui est de nouveau contradictoire. On a donc bien $U(1) \geq 1$.

Si $p \geq n$ ou $\{n/p\} \notin [2/3, 1[$, on procède de la même façon, et, dans ce cas, de nouveau les arguments du Lemme 10 suffisent, c'est-à-dire qu'il n'est pas nécessaire de les compléter par des considérations additionnelles (comme, par exemple, celles ci-dessus pour démontrer que $U(1) \geq 1$), puisque $v_p(\tilde{\Phi}_n) = 0$ dans ce cas. □

Le lemme suivant aussi est utilisé dans la démonstration du Théorème 5 au chapitre 14.

LEMME 14. *Pour tous entiers $H \geq 0$, $B \geq 0$, $0 \leq k \leq n$, et $0 \leq i_1 \leq i_2 \leq \cdots \leq i_B \leq n-k$, le nombre*

$$\tilde{\Phi}_n^{-B+1} \mathrm{d}_n^H \cdot \frac{1}{H!} \frac{\partial^H}{\partial \varepsilon^H} R_6(n, i_1, i_2, \ldots, i_B; \varepsilon)\bigg|_{\varepsilon=0} \qquad (11.27)$$

est un nombre entier, où

$$R_6(n, i_1, i_2, \ldots, i_B; \varepsilon) = \frac{i_B!}{i_1!\,(i_2-i_1)!\cdots(i_B-i_{B-1})!}$$
$$\times \prod_{j=1}^{B} \frac{(1-\varepsilon)_{n+k+i_{j-1}}}{n!\,(1-\varepsilon)_{k+i_{j-1}}} \frac{(1+\varepsilon)_{2n-k-i_j}}{(n-i_j+i_{j-1})!\,(1+\varepsilon)_{n-k-i_{j-1}}}$$

et $i_0 = 0$.

DÉMONSTRATION. De nouveau, on suit la démarche de la démonstration du Lemme 10. Il suffit de montrer que, pour tous nombres entiers $1 \leq f_1 \leq f_2 \leq \cdots \leq f_H$ tels que le multi-ensemble $\{f_1, f_2, \ldots, f_H\}$ soit contenu dans le multi-ensemble

$$E = \bigcup_{j=1}^{B} \Big([k+i_{j-1}+1, n+k+i_{j-1}] \cup [n-k-i_{j-1}+1, 2n-k-i_j] \Big)$$

le nombre

$$\tilde{\Phi}_n^{-B+1} \mathrm{d}_n^H \frac{i_B!}{i_1!\,(i_2-i_1)!\cdots(i_B-i_{B-1})!}$$
$$\times \left(\prod_{j=1}^{B} \binom{n+k+i_{j-1}}{n} \binom{2n-k-i_j}{n-i_j+i_{j-1}} \right) \frac{1}{f_1 f_2 \cdots f_H} \qquad (11.28)$$

est un nombre entier.

Soit p un nombre premier. En utilisant la notation $\chi(\mathcal{A}) = 1$ si $\mathcal{A}$ est vrai et $\chi(\mathcal{A}) = 0$ sinon, la valuation p-adique de (11.28) s'écrit sous la forme

$$-(B-1)\cdot\chi(p<n \text{ et } \{n/p\}\in[2/3,1[) + H\cdot[\log_p(n)]$$
$$+\sum_{\ell=1}^{\infty}\left(\left[\frac{i_B}{p^\ell}\right] + \sum_{j=1}^{B}\left(-\left[\frac{i_j-i_{j-1}}{p^\ell}\right] + \left[\frac{n+k+i_{j-1}}{p^\ell}\right] - \left[\frac{n}{p^\ell}\right] - \left[\frac{k+i_{j-1}}{p^\ell}\right]\right.\right.$$
$$\left.\left.+\left[\frac{2n-k-i_j}{p^\ell}\right] - \left[\frac{n-i_j+i_{j-1}}{p^\ell}\right] - \left[\frac{n-k-i_{j-1}}{p^\ell}\right]\right)\right) - \sum_{h=1}^{H} v_p(f_h)$$
$$= -(B-1)\cdot\chi(p<n \text{ et } \{n/p\}\in[2/3,1[)$$
$$+\sum_{\ell=1}^{[\log_p(n)]} U(\ell) + \sum_{\ell=[\log_p(n)]+1}^{\infty} U(\ell) - \sum_{h=1}^{H}(v_p(f_h) - [\log_p(n)]), \qquad (11.29)$$

où $U(\ell)$ désigne le sommande de la somme sur ℓ.

De nouveau, comme le multi-ensemble $\{f_1, f_2, \ldots, f_H\}$ est contenu dans le multi-ensemble E, des arguments analogues à ceux du Lemme 10 montrent alors que

$$\sum_{h=1}^{H}(v_p(f_h) - [\log_p(n)]) \leq \sum_{\ell=[\log_p(n)]+1}^{\infty} \sum_{j=1}^{B} \left(\left[\frac{n+k+i_{j-1}}{p^\ell}\right] + \left[\frac{2n-k-i_j}{p^\ell}\right] \right). \tag{11.30}$$

Le sommande $U(\ell)$ est évidemment positif pour tout ℓ. De plus, en vertu de la condition $0 \leq i_1 \leq i_2 \leq \ldots \leq i_B \leq n-k$, on a l'égalité

$$\sum_{\ell=[\log_p(n)]+1}^{\infty} U(\ell) = \sum_{\ell=[\log_p(n)]+1}^{\infty} \sum_{j=1}^{B} \left(\left[\frac{n+k+i_{j-1}}{p^\ell}\right] + \left[\frac{2n-k-i_j}{p^\ell}\right] \right).$$

Si l'on utilise cette égalité et (11.30) dans (11.29), on voit que l'expression (11.29) serait positive si l'on pouvait démontrer que

$$-(B-1) \cdot \chi\bigl(p < n \text{ et } \{n/p\} \in [2/3, 1[\bigr) + \sum_{\ell=1}^{[\log_p(n)]} U(\ell) \geq 0.$$

Cette inégalité est sûrement satisfaite si $p \geq n$ ou $\{n/p\} \notin [2/3, 1[$ puisque $U(\ell)$ est positif pour tout ℓ. Si $p < n$ et $\{n/p\} \in [2/3, 1[$, en utilisant encore que $U(\ell)$ est positif, on voit qu'il suffit de démontrer que $U(1) \geq B-1$. En réarrangeant les termes dans la définition de $U(1)$, on peut écrire

$$U(1) = \left[\frac{n+k}{p}\right] - \left[\frac{n}{p}\right] - \left[\frac{k}{p}\right]$$
$$+ \left[\frac{2n-k-i_B}{p}\right] + \left[\frac{i_B}{p}\right] - \left[\frac{n-k}{p}\right] - \left[\frac{i_B - i_{B-1}}{p}\right] - \left[\frac{n-i_B + i_{B-1}}{p}\right]$$
$$+ \sum_{j=1}^{B-1} \left(\left[\frac{n+k+i_j}{p}\right] - \left[\frac{n}{p}\right] - \left[\frac{k+i_j}{p}\right] + \left[\frac{2n-k-i_j}{p}\right] - \left[\frac{n}{p}\right] - \left[\frac{n-k-i_j}{p}\right] \right.$$
$$\left. + \left[\frac{n}{p}\right] - \left[\frac{i_j - i_{j-1}}{p}\right] - \left[\frac{n-i_j + i_{j-1}}{p}\right] \right)$$

Le lemme sera donc démontré si l'on réussit de vérifier que

$$\left[\frac{n+k}{p}\right] - \left[\frac{n}{p}\right] - \left[\frac{k}{p}\right]$$
$$+ \left[\frac{2n-k-i_B}{p}\right] + \left[\frac{i_B}{p}\right] - \left[\frac{n-k}{p}\right] - \left[\frac{i_B - i_{B-1}}{p}\right] - \left[\frac{n-i_B + i_{B-1}}{p}\right] \geq 0 \tag{11.31}$$

et que

$$\sum_{j=1}^{B-1} \left(\left[\frac{n+k+i_j}{p}\right] - \left[\frac{n}{p}\right] - \left[\frac{k+i_j}{p}\right] + \left[\frac{2n-k-i_j}{p}\right] - \left[\frac{n}{p}\right] - \left[\frac{n-k-i_j}{p}\right] \right.$$
$$\left. + \left[\frac{n}{p}\right] - \left[\frac{i_j - i_{j-1}}{p}\right] - \left[\frac{n-i_j + i_{j-1}}{p}\right] \right) \geq B - 1. \tag{11.32}$$

Implicitement, la dernière minoration a déjà été obtenue. En effet, dans la démonstration du Lemme 8, on a démontré que l'expression (11.2) est ≥ 1. Cela implique que la partie du sommande dans la première ligne de (11.32) est ≥ 1. Comme la partie du sommande dans la deuxième ligne est évidemment positive, l'inégalité (11.32) est vérifiée.

Pour démontrer l'inégalité (11.31), on note $N = \{n/p\}$, $K = \{k/p\}$, $I_1 = \{(k + i_{B-1})/p\}$ et $I_2 = \{(k + i_B)/p\}$ pour les parties fractionnaires de n/p, k/p, $(k + i_{B-1})/p$ et $(k + i_B)/p$. Avec ces notations, le membre de gauche de (11.31) devient

$$[N + K] + [2N - I_2] + [I_2 - K] - [N - K] - [I_2 - I_1] - [N - I_2 + I_1]. \quad (11.33)$$

Supposons que l'expression (11.33) soit strictement négative. Comme on a $N \geq 2/3$, et comme $-[I_2 - I_1] - [N - I_2 + I_1] \geq 0$, cela implique que

$$[N + K] = [2N - I_2] = [N - K] = 0 \quad \text{et} \quad [I_2 - K] = -1.$$

En particulier,

$$N + K < 1, \quad 2N - I_2 < 1, \quad \text{et} \quad I_2 - K < 0. \quad (11.34)$$

En vertu de (11.34), on a

$$3N - 1 < N + I_2 < N + K < 1,$$

ce qui implique $N < 2/3$, une contradiction. L'inégalité (11.31) est donc vérifiée, ce qui achève la démonstration du lemme. □

CHAPITRE 12

Démonstration du Théorème 1, partie i)

On se place dans le cadre de la Conjecture 1 du paragraphe 2.3. Rappelons que

$$\mathbf{S}_{n,A,B,C,r}\left((-1)^A\right)$$
$$= n!^{A-2Br} \sum_{k=1}^{\infty} (-1)^{kA} \frac{1}{C!} \frac{\partial^C}{\partial k^C} \left(\left(k + \frac{n}{2}\right) \frac{(k-rn)_{rn}^B (k+n+1)_{rn}^B}{(k)_{n+1}^A} \right)$$
$$= \mathbf{p}_{0,C,n}\left((-1)^A\right) + (-1)^C \sum_{l=1}^{A} \binom{C+l-1}{l-1} \mathbf{p}_{l,n}\left((-1)^A\right) \operatorname{Li}_{C+l}\left((-1)^A\right).$$

Les $\mathbf{p}_{l,n}\left((-1)^A\right)$ ($l \geq 1$) ne dépendent pas de C et leur expression est donnée par les deux équations (2.13) et (2.15), à savoir

$$(-1)^{Brn} \mathbf{p}_{l,n}\left((-1)^A\right) = \frac{(rn)!^{2B}}{n!^{2rB}} \sum_{j=0}^{n} \frac{1}{(A-l)!} \frac{\partial^{A-l}}{\partial \varepsilon^{A-l}} \left(\frac{n}{2} - j + \varepsilon\right)$$
$$\cdot \left(\frac{n!}{(1-\varepsilon)_j (1+\varepsilon)_{n-j}}\right)^A \binom{rn+j-\varepsilon}{rn}^B \binom{(r+1)n-j+\varepsilon}{rn}^B \bigg|_{\varepsilon=0}.$$

La partie i) du Théorème 1 découlent donc de la Proposition 6 ci-dessous, où la restriction analytique $0 \leq 2Br < A$ du paragraphe 2.4 n'intervient pas.

PROPOSITION 6. *Soient A, B, r des entiers tels que $A \geq 2$, $B \geq 1$ et $r \geq 0$. Alors, pour tout entier $h \geq 1$, la quantité*

$$\mathrm{d}_n^{h-1} \frac{(rn)!^{2B}}{n!^{2rB}} \sum_{j=0}^{n} \frac{1}{h!} \frac{\partial^h}{\partial \varepsilon^h} \left(\left(\frac{n}{2} - j + \varepsilon\right) \left(\frac{n!}{(1-\varepsilon)_j (1+\varepsilon)_{n-j}}\right)^A \right.$$
$$\left. \cdot \binom{rn+j-\varepsilon}{rn}^B \binom{(r+1)n-j+\varepsilon}{rn}^B \right)\bigg|_{\varepsilon=0}$$

est un nombre entier.

DÉMONSTRATION. Notons que, en utilisant la notation des Corollaires 3 à 6, il nous faut démontrer que

$$\mathrm{d}_n^{h-1} \frac{(rn)!^{2B}}{n!^{2rB}} \frac{1}{h!} \frac{\partial^h}{\partial \varepsilon^h} S_{A,B,r}(n) \bigg|_{\varepsilon=0}$$

est un nombre entier.

Nous allons appliquer les Corollaires 3 et 4 pour traiter le cas $A \geq 2$ et $B \geq 2$. Le cas $A \geq 2$ et $B = 1$ se démontrent de la même manière au moyen des Corollaires 5 et 6.

Le Corollaire 3 montre que $S_{A,B,r}(n) = \varepsilon \cdot (-1)^n s_{A,B,r}(n)$ pour $A \geq 2$ pair, tandis que le Corollaire 4 donne la même identité pour $A \geq 3$ impair. Par la suite, on se concentre sur le cas que A est pair, car les arguments sont complètement analogues pour l'autre cas. Il s'ensuit que

$$\frac{\partial^h}{\partial \varepsilon^h} S_{A,B,r}(n)\bigg|_{\varepsilon=0} = (-1)^n h \cdot \frac{\partial^{h-1}}{\partial \varepsilon^{h-1}} s_{A,B,r}(n)\bigg|_{\varepsilon=0}. \qquad (12.1)$$

Arrangeons les termes qui contiennent ε dans le sommande de $s_{A,B,r}(n)$ donné au Corollaire 3 en termes des briques (voir les Lemmes 9 et 10 au chapitre 11 pour les définitions des briques $R(\ldots)$, $R_1(\ldots)$ et $R_2(\ldots)$) : on a

$$\frac{(rn)!^{2B}}{n!^{r(2B)}} s_{A,B,r}(n)$$

$$= \sum_{0 \leq i_1 \leq i_2 \leq \cdots \leq i_{A/2+B} \leq n} (-1)^{i_{A/2+B-1}+i_{A/2+B}} R(0, n+1; -\varepsilon) \cdot (-\varepsilon)$$

$$\cdot \left(\prod_{q=0}^{r-1} R(n, 0; nq + \varepsilon + 1)\right) R(n - i_{A/2+B}, 0; rn + i_{A/2+B} + \varepsilon + 2)$$

$$\cdot R_1(n, i_{A/2+B}, i_{A/2+B}; \varepsilon) \, R_2(n, i_{A/2+B-1}, i_{A/2+B}; \varepsilon)$$

$$\cdot R(0, i_{A/2+B-1} + 1; \varepsilon) \cdot \varepsilon \cdot R(0, i_{A/2+B-1} + 1; \varepsilon) \cdot \varepsilon$$

$$\cdot R(i_{A/2+B-1}, 0; 1 + 2\varepsilon) \, R(i_{A/2+B-1} - i_{A/2+B-2}, 0; n+1)$$

$$\cdot \left(\prod_{k=B}^{A/2+B-2} R(i_k - i_{k-1}, 0; n+1)\binom{n}{i_k} R(0, i_k+1; \varepsilon) \cdot \varepsilon \cdot R(0, n - i_k + 1; -\varepsilon) \cdot (-\varepsilon) \right.$$

$$\left. \cdot \binom{n}{i_k} R(0, i_k + 1; \varepsilon) \cdot \varepsilon \cdot R(0, n - i_k + 1; -\varepsilon) \cdot (-\varepsilon) \right)$$

$$\cdot \binom{rn}{i_{B-1} - i_{B-2}}\binom{n}{i_{B-1}} R(0, i_{B-1} + 1; \varepsilon) \cdot \varepsilon$$

$$\cdot R(0, n - i_{B-1} + 1; -\varepsilon) \cdot (-\varepsilon) \cdot R(n - i_{B-1}, 0; 1 - \varepsilon)$$

$$\cdot \left(\prod_{q=1}^{r} R(n, 0; nq - i_{B-1} - \varepsilon + 1)\right) R(0, n - i_{B-1} + 1; -\varepsilon) \cdot (-\varepsilon)$$

$$\cdot \left(\prod_{k=1}^{B-2} \binom{rn}{i_k - i_{k-1}}\right)\left(\prod_{q=1}^{r} R(n, 0; nq - i_k - \varepsilon + 1)\right)$$

$$\cdot \left(\prod_{q=0}^{r-1} R(n, 0; nq + i_k + \varepsilon + 1)\right)\Bigg), \qquad (12.2)$$

On peut donc réécrire la somme $s_{A,B,r}(n)$ comme

$$\frac{(rn)!^{2B}}{n!^{r(2B)}} s_{A,B,r}(n) = \sum_{0 \leq i_1 \leq i_2 \leq \cdots \leq i_{A/2+B} \leq n} C_1(i_1, \ldots, i_{A/2+B}) \prod_{k=1}^{M} t_k(i_1, \ldots, i_{A/2+B}),$$

où chaque $C_1(i_1, \ldots, i_{A/2+B})$ est un nombre entier et où chaque t_k est une brique élémentaire $R(\alpha, \beta; \pm \varepsilon + K)$ avec $\alpha \geq \beta$, ou une brique élémentaire $R(\alpha, \beta; \pm \varepsilon)$ multipliée par ε avec $\alpha < \beta$, ou bien encore une des deux briques spéciales $R_1(n, i_{A/2+B}, i_{A/2+B}; \varepsilon)$ et $R_2(n, i_{A/2+B-1}, i_{A/2+B}; \varepsilon)$.

12. DÉMONSTRATION DU THÉORÈME 1, PARTIE i)

En vertu de la formule de Leibniz, on en déduit que

$$\frac{(rn)!^{2B}}{n!^{r(2B)}} \frac{1}{h!} \frac{\partial^h}{\partial \varepsilon^h} S_{A,B,r}(n)\Big|_{\varepsilon=0} = \frac{(-1)^n}{(h-1)!} \sum_{\ell_1+\cdots+\ell_M=h-1} \frac{(h-1)!}{\ell_1!\,\ell_2!\cdots\ell_M!}$$

$$\cdot \sum_{0\leq i_1\leq i_2\leq\cdots\leq i_{A/2+B}\leq n} C_1(i_1,\ldots,i_{A/2+B}) \prod_{k=1}^{M} \frac{\partial^{\ell_k}}{\partial \varepsilon^{\ell_k}} t_k(i_1,\ldots,i_{A/2+B})\Big|_{\varepsilon=0}$$

$$= (-1)^n \sum_{\substack{0\leq i_1\leq i_2\leq\cdots\leq i_{A/2+B}\leq n \\ \ell_1+\cdots+\ell_M=h-1}} C_1(i_1,\ldots,i_{A/2+B}) \prod_{k=1}^{M} \frac{1}{\ell_k!}\frac{\partial^{\ell_k}}{\partial \varepsilon^{\ell_k}} t_k(i_1,\ldots,i_{A/2+B})\Big|_{\varepsilon=0}.$$

(12.3)

Grâce aux Lemmes 9 et 10, la quantité

$$\mathrm{d}_n^{\ell_k} \frac{1}{\ell_k!} \frac{\partial^{\ell_k}}{\partial \varepsilon^{\ell_k}} t_k(i_1,\ldots,i_{A/2+B})\Big|_{\varepsilon=0}$$

est un nombre entier pour tout k. Le membre de droite de (12.3) multiplié par d_n^{h-1} est donc lui aussi entier, ce qui achève la démonstration. □

CHAPITRE 13

Démonstration du Théorème 1, partie ii)

Nous commençons par écrire (2.14) sous la forme

$$\mathbf{p}_{0,C,n}(X) = -\sum_{j=1}^{n}\sum_{e=1}^{A}(-1)^{C+Aj+Brn}\binom{C+e-1}{e-1}$$
$$\cdot \left(\frac{1}{(A-e)!}\frac{\partial^{A-e}}{\partial\varepsilon^{A-e}}T_{n,A,B,r}(j;\varepsilon)\Big|_{\varepsilon=0}\right)\sum_{k=1}^{j}\frac{X^{j-k}}{k^{e+C}}, \quad (13.1)$$

avec

$$T_{n,A,B,r}(j;\varepsilon) = \frac{(rn)!^{2B}}{n!^{2rB}}\left(\frac{n}{2}-j+\varepsilon\right)\left(\frac{n!}{(1-\varepsilon)_j(1+\varepsilon)_{n-j}}\right)^A$$
$$\cdot \binom{rn+j-\varepsilon}{rn}^B\binom{(r+1)n-j+\varepsilon}{rn}^B.$$

En spécialisant $X = (-1)^A$ et en échangeant les sommations, on a donc

$$\mathbf{p}_{0,C,n}\left((-1)^A\right) = -\sum_{e=1}^{A}(-1)^{C+Brn}\binom{C+e-1}{e-1}\sum_{k=1}^{n}\frac{(-1)^{Ak}}{k^{e+C}}\mathbf{q}_{k,n,e,A,B,r}\left((-1)^A\right), \quad (13.2)$$

avec

$$\mathbf{q}_{k,n,e,A,B,r}\left((-1)^A\right) = \sum_{j=k}^{n}\left(\frac{1}{(A-e)!}\frac{\partial^{A-e}}{\partial\varepsilon^{A-e}}T_{n,A,B,r}(j;\varepsilon)\Big|_{\varepsilon=0}\right).$$

Compte-tenu de l'expression (13.2) pour $\mathbf{p}_{0,C,n}\left((-1)^A\right)$, la partie ii) du Théorème 1 découle immédiatement de la proposition suivante. Sa démonstration est basée sur les Corollaires 1 et 2 du chapitre 9 et, outre les Lemmes 9 et 10, le Lemme 11 du chapitre 11.

PROPOSITION 7. *Fixons les entiers $A \geq 2$, $B \geq 0$, $r \geq 0$ et $n \geq 0$. Pour tout entier $k \in \{1,\ldots,n\}$ et tout entier $e \in \{1,\ldots,A\}$, le nombre*

$$2\mathrm{d}_n^{A-e}\mathbf{q}_{k,n,e,A,B,r}\left((-1)^A\right).$$

est un nombre entier qui est divisible par k.

DÉMONSTRATION. Soit tout d'abord A pair, $A \geq 2$. On remarque que

$$\sum_{j=k}^{n}T_{n,A,B,r}(j;\varepsilon)$$

est égal au membre de gauche de (9.1) multiplié par $(rn)!^{2B}/n!^{2rB}$. En écrivant le membre de droite de (9.1) en termes de briques élémentaires et spéciales (voir les

Lemmes 9 et 10 au chapitre 11), on voit que $\mathbf{q}_{k,n,e,A,B,r}(1)$ est égal à

$$-\frac{1}{(A-e)!}\frac{\partial^{A-e}}{\partial \varepsilon^{A-e}}\Biggl\{\frac{k-\varepsilon}{2}$$

$$\cdot \sum_{0\leq i_1\leq \cdots \leq i_{A/2+B}\leq n-k}\frac{(-1)^{i_{A/2+B}-1}(i_{A/2+B})!}{i_1!(i_2-i_1)!\cdots(i_{A/2+B}-i_{A/2+B-1})!}$$

$$\cdot \left(\prod_{j=1}^{B}\left(\prod_{q=0}^{r-1}R(n,0;k+i_{j-1}+qn+1-\varepsilon)\right)R_1(n,n-k-i_j,n-i_j+i_{j-1};\varepsilon)\right)$$

$$\cdot (-1)^{k+i_B}\cdot \varepsilon \cdot R(-k-i_B,n-k-i_B+1;\varepsilon)$$

$$\cdot \left(\prod_{j=B+1}^{A/2+B-1}\varepsilon \cdot R(-k-i_j,n-k-i_j+1;\varepsilon)\right.$$

$$\left.\cdot \binom{n+i_j-i_{j-1}}{k+i_j}\cdot(-\varepsilon)\cdot R(0,k+i_j+1;-\varepsilon)\cdot \varepsilon \cdot R(0,n-k-i_{j-1}+1;\varepsilon)\right)$$

$$\cdot \frac{n!\,(\varepsilon)_{i_{A/2+B}-i_{A/2+B-1}}(1-2\varepsilon)_{k+i_{A/2+B-1}}(1-\varepsilon)_{n-i_{A/2+B-1}}}{(1-\varepsilon)_n(1-2\varepsilon)_{k-1}(1-\varepsilon)_{k+i_{A/2+B}}(1+\varepsilon)_{n-k-i_{A/2+B}}}\Biggr\}\Bigg|_{\varepsilon=0} \quad (13.3)$$

Pour simplifier, notons $R_7(n,k,i_{A/2+B},i_{A/2+B-1};\varepsilon)$ la fraction dans la dernière ligne de (13.3).

On s'intéresse à la quantité $2\mathrm{d}_n^{A-e}\mathbf{q}_{k,n,e,A,B,r}(1)/k$, c'est-à-dire qu'il faut multiplier l'expression (13.3) par $2\mathrm{d}_n^{A-e}/k$: de façon similaire à la démonstration de la Proposition 6, on écrit cette nouvelle expression sous la forme

$$-\frac{2\mathrm{d}_n^{A-e}}{k}\frac{1}{(A-e)!}\frac{\partial^{A-e}}{\partial \varepsilon^{A-e}}\Biggl\{\frac{k-\varepsilon}{2}\sum_{0\leq i_1\leq \cdots \leq i_{A/2+B}\leq n-k}C_2(i_1,\ldots,i_{A/2+B})$$

$$\cdot R_7(n,k,i_{A/2+B},i_{A/2+B-1};\varepsilon)\prod_{h=1}^{M}t_h(i_1,\ldots,i_{A/2+B})\Biggr\}\Bigg|_{\varepsilon=0},$$

où chaque $C_2(i_1,\ldots,i_{A/2+B})$ est un nombre entier et où chaque t_h est une brique élémentaire $R(\alpha,\beta;\pm\varepsilon+K)$ avec $\alpha\geq\beta$, ou une brique élémentaire $R(\alpha,\beta;\pm\varepsilon)$ multipliée par ε avec $\alpha<\beta$, ou bien encore une brique spéciale $R_1(n,n-k-i_j,n-i_j+i_{j-1};\varepsilon)$.

En vertu de la formule de Leibniz, cette dernière expression peut s'écrire comme

$$-\mathrm{d}_n^{A-e}\left\{\sum_{\ell_0+\cdots+\ell_M=A-e}\frac{1}{\ell_0!\,\ell_1!\cdots\ell_M!}\sum_{0\leq i_1\leq\cdots\leq i_{A/2+B}\leq n-k}C_2(i_1,\ldots,i_{A/2+B})\right.$$
$$\left.\cdot\frac{\partial^{\ell_0}}{\partial\varepsilon^{\ell_0}}R_7(n,k,i_{A/2+B},i_{A/2+B-1};\varepsilon)\prod_{h=1}^M\frac{\partial^{\ell_h}}{\partial\varepsilon^{\ell_h}}t_h(i_1,\ldots,i_{A/2+B})\right\}\bigg|_{\varepsilon=0}$$
(13.4a)

$$+\frac{\mathrm{d}_n}{k}\mathrm{d}_n^{A-e-1}\left\{\sum_{\ell_0+\cdots+\ell_M=A-e-1}\frac{1}{\ell_0!\,\ell_1!\cdots\ell_M!}\right.$$
$$\cdot\sum_{0\leq i_1\leq\cdots\leq i_{A/2+B}\leq n-k}C_2(i_1,\ldots,i_{A/2+B})\frac{\partial^{\ell_0}}{\partial\varepsilon^{\ell_0}}R_7(n,k,i_{A/2+B},i_{A/2+B-1};\varepsilon)$$
$$\left.\prod_{h=1}^M\frac{\partial^{\ell_h}}{\partial\varepsilon^{\ell_h}}t_h(i_1,\ldots,i_{A/2+B})\right\}\bigg|_{\varepsilon=0}.$$
(13.4b)

On doit distinguer deux cas. Si $i_{A/2+B}=i_{A/2+B-1}$, alors
$$R_7(n,k,i_{A/2+B},i_{A/2+B-1};\varepsilon)$$
se décompose en briques élémentaires,
$$R_7(n,k,i_{A/2+B},i_{A/2+B-1};\varepsilon)=R_7(n,k,i_{A/2+B},i_{A/2+B};\varepsilon)$$
$$=\frac{n!\,(1-2\varepsilon)_{k+i_{A/2+B}}\,(1-\varepsilon)_{n-i_{A/2+B}-1}}{(1-\varepsilon)_n\,(1-2\varepsilon)_{k-1}\,(1-\varepsilon)_{k+i_{A/2+B}}\,(1+\varepsilon)_{n-k-i_{A/2+B}}}$$
$$=(-\varepsilon)\cdot R(0,n+1;-\varepsilon)\cdot R(k+i_{A/2+B},0;1-2\varepsilon)$$
$$\cdot(-\varepsilon)\cdot R(0,k+i_{A/2+B}+1;-\varepsilon)\cdot R(n-i_{A/2+B}-1,0;1-\varepsilon)$$
$$\cdot(-1)^{k-1}\cdot\varepsilon\cdot R(-k+1,n-k-i_{A/2+B}+1;\varepsilon)\cdot R(k-1,0;1-\varepsilon)$$
$$\cdot(-2\varepsilon)\cdot R(0,k;-2\varepsilon).$$

Comme dans la démonstration de la Proposition 6, on utilise les Lemmes 9 et 10 et le fait que k divise d_n pour en déduire que (13.4a) et (13.4b) restreintes à $i_{A/2+B}=i_{A/2+B-1}$ sont des entiers.

Lorsque $i_{A/2+B}>i_{A/2+B-1}$, on remarque que
$$R_7(n,k,i_{A/2+B},i_{A/2+B-1};\varepsilon)=\varepsilon\cdot R_3(n,k,i_{A/2+B},i_{A/2+B-1};\varepsilon),$$
où $R_3(\ldots)$ est la brique spéciale définie au Lemme 11 du chapitre 11. Par conséquent, pour $\ell_0\geq 1$ on a
$$\frac{1}{\ell_0!}\frac{\partial^{\ell_0}}{\partial\varepsilon^{\ell_0}}R_7(n,k,i_{A/2+B},i_{A/2+B-1};\varepsilon)\bigg|_{\varepsilon=0}$$
$$=\frac{1}{(\ell_0-1)!}\frac{\partial^{\ell_0-1}}{\partial\varepsilon^{\ell_0-1}}R_3(n,k,i_{A/2+B},i_{A/2+B-1};\varepsilon)\bigg|_{\varepsilon=0}.$$

Le Lemme 11 avec $m_1=i_{A/2+B}$ et $m_2=i_{A/2+B-1}$ joint aux Lemmes 9 et 10 nous permet alors de conclure que (13.4a) et (13.4b) restreintes à $i_{A/2+B}>i_{A/2+B-1}$ sont aussi des entiers.

La démonstration de la proposition dans le cas où A est impair est complètement analogue. La seule différence est qu'il faut utiliser le Corollaire 2, au lieu du Corollaire 1. □

REMARQUE. Pour le lecteur avide d'identités hypergéométriques, indiquons les identités suivantes, qui correspondent à certains des cas pour $A = e$ de la Proposition 7 ci-dessus :

$$\mathbf{q}_{k,n,0,0,0,r}(1) = -\sum_{j=k}^{n} \left(\frac{n}{2} - j\right) = \frac{k}{2}(n+k-1),$$

$$\mathbf{q}_{k,n,1,1,0,r}(-1) = (-1)^{k+1} \sum_{j=k}^{n} \left(\frac{n}{2} - j\right) \binom{n}{j} = (-1)^k \frac{k}{2} \binom{n}{k},$$

$$\mathbf{q}_{k,n,2,2,0,r}(1) = -\sum_{j=k}^{n} \left(\frac{n}{2} - j\right) \binom{n}{j}^2 = \frac{k}{2} \binom{n}{k} \binom{n-1}{k-1}$$

et

$$\mathbf{q}_{k,n,0,0,1,1}(1) = -\sum_{j=k}^{n} \left(\frac{n}{2} - j\right) \binom{n+j}{n} \binom{2n-j}{n} = \frac{k}{2} \binom{n+k}{n} \binom{2n-k+1}{n+1}.$$

La première est évidemment très facile à montrer et nous avons obtenu les trois autres avec *Maple*, qui produit immédiatement les membres de droite lorsqu'on lui demande de calculer formellement les sommes sur j (cela découle en effet des formules de sommations (8.1) et (8.2) pour des séries hypergéométriques très bien équilibrées, connues de *Maple*). Nous avons réussi à généraliser la présence de ce facteur k, qui était une voie vers la démonstration complète de la partie ii) du Théorème 1, ce que nous n'avions pas pu entièrement faire dans [**26**] : l'identité d'Andrews s'est avérée être un très bon guide sur ce chemin.

CHAPITRE 14

Démonstration du Théorème 3, partie i), et des Théorèmes 4 et 5

Bien que le Théorème 3, partie i) soit un cas particulier du Théorème 4, nous allons en donner une démonstration indépendante, qui donnera l'idée du cas général. Pour cela, rappelons que la série

$$\mathbf{S}_{n,4,2,1,1}(1) = \sum_{k=1}^{\infty} \frac{\partial}{\partial k}\left(\left(k+\frac{n}{2}\right) \frac{(k-n)_n^2 (k+n+1)_n^2}{(k)_{n+1}^4}\right) = \mathbf{u}_n \zeta(4) - \mathbf{v}_n$$

permet de construire une suite d'approximations rationnelles de $\zeta(4)$, où

$$\mathbf{u}_n = \sum_{j=0}^{n} \frac{\mathrm{d}}{\mathrm{d}j}\left(\frac{n}{2}-j\right) \binom{n}{j}^4 \binom{n+j}{n}^2 \binom{2n-j}{n}^2.$$

La présence implicite des nombres harmoniques ne permet pas de voir immédiatement que ces nombres sont des entiers, ce qui est beaucoup plus visible grâce à l'identité suivante, qui découle de la Proposition 5 avec $A=4$ et $B=2$:

$$\mathbf{u}_n = (-1)^{n+1} \sum_{0 \le i \le j \le n} \binom{n}{j}^2 \binom{n}{i}^2 \binom{n+j}{n}\binom{n+j-i}{n}\binom{2n-i}{n}.$$

Il nous faut maintenant prouver que $\Phi_n^{-1}\mathbf{u}_n$ est encore entier, où

$$\Phi_n = \prod_{\substack{p \text{ premier} \\ \{n/p\} \in [2/3, 1[}} p.$$

LEMME 15. *Il existe des entiers $C_{j,n}$ ($0 \le j \le n$) tels que*

$$\mathbf{u}_n = \sum_{j=0}^{n} \binom{n+j}{n}\binom{2n-j}{n} C_{j,n}.$$

DÉMONSTRATION. Notons que :

$$\binom{n}{j}\binom{n+j-i}{n}\binom{2n-i}{n} = \binom{2n-j}{n}\binom{2n-i}{j-i}\binom{n+j-i}{j}.$$

Il suffit donc de poser $C_{j,n} = (-1)^{n+1}\binom{n}{j}\sum_{i=0}^{j}\binom{n}{i}^2\binom{2n-i}{j-i}\binom{n+j-i}{j}$. $\square$

Quand on applique le Lemme 8 aux facteurs $\binom{n+j}{n}\binom{2n-j}{n}$ pour $j \in \{0,\ldots,n\}$, mis en évidence par le lemme précédent, on arrive bien au résultat attendu : Φ_n divise $\mathbf{u}_n$, ce qui est exactement l'énoncé de la partie i) du Théorème 3.

En utilisant les expressions binomiales données par la Proposition 5 au chapitre 8, on obtient plus généralement le Théorème 4.

DÉMONSTRATION DU THÉORÈME 4. On peut supposer que $B \geq 2$, sinon il n'y a déjà plus rien à montrer. On s'intéresse au nombre

$$\mathbf{p}_{A-1,n}\left((-1)^A\right) = \sum_{j=0}^{n} \frac{\mathrm{d}}{\mathrm{d}j}\left(\frac{n}{2}-j\right)\binom{n}{j}^A \binom{n+j}{n}^B \binom{2n-j}{n}^B,$$

qui est aussi égal à la quantité $P_n(A,B)$ dans la Proposition 5. Cette dernière quantité est elle-même égale à $p_n(A,B)$, dont la définition est différente selon que A est pair ou impair. Si A est impair, par un jeu d'écriture similaire au Lemme 15, on peut reformuler l'expression pour $p_n(A,B)$, donnée à la Proposition 5 :

$$p_n(A,B) = \sum_{0 \leq i_1 \leq i_2 \leq \cdots \leq i_{m+B-1} \leq n} (-1)^{i_{m+B-1}} \binom{n+i_{m+B-1}-i_{m+B-2}}{i_{m+B-1}}$$

$$\cdot \binom{n+i_{m+B-1}}{n}\binom{2n-i_{m+B-1}}{n}\left(\prod_{k=B}^{m+B-2}\binom{n}{i_k}\binom{2n-i_k}{2n-i_{k+1}}\binom{n+i_k-i_{k-1}}{i_k}\right)$$

$$\cdot \binom{n}{i_{B-1}}\binom{2n-i_{B-1}}{2n-i_B}\binom{n}{i_{B-1}-i_{B-2}}\left(\prod_{k=1}^{B-2}\binom{n+i_k}{n}\binom{2n-i_k}{n}\binom{n}{i_k-i_{k-1}}\right),$$

avec une reformulation similaire de $p_n(A,B)$ lorsque A est pair. Or, dans le sommande, on remarque la présence du produit

$$\binom{n+i_{m+B-1}}{n}\binom{2n-i_{m+B-1}}{n}\prod_{k=1}^{B-2}\binom{n+i_k}{n}\binom{2n-i_k}{n}.$$

On applique donc le Lemme 8 du chapitre 11 pour conclure. $\square$

Pour démontrer le Théorème 5, en plus des briques $R(\ldots)$, $R_1(\ldots)$ et $R_2(\ldots)$ déjà utilisées, nous avons aussi besoin des briques spéciales $R_4(\ldots)$ et $R_5(\ldots)$ qui apparaissent aux Lemmes 12 et 13.

ESQUISSE DE LA DÉMONSTRATION DU THÉORÈME 5. Il s'agit essentiellement de raffiner celle du Théorème 1, donnée aux chapitres 12 et 13. Nous considérons tout d'abord le cas que A est pair. On peut là aussi supposer que $B \geq 2$, sinon il n'y a déjà plus rien à montrer. Rappelons que, dans ce cas, la clé des démonstrations aux chapitres 12 et 13 était la décomposition en briques (12.2) de la somme multiple $s_{A,B,r}(n)$ du Corollaire 3 et la décomposition en briques (13.3) de la somme multiple pour $\mathbf{q}_{k,n,e,A,B,r}(1)$ du Corollaire 1.

Considérons tout d'abord la décomposition (12.2). Dans notre cas on a $r=1$. On remarque la présence du produit

$$\prod_{k=1}^{B-2}\binom{n+i_k+\varepsilon}{n}\binom{2n-i_k-\varepsilon}{n}$$

dans le sommande de $s_{A,B,1}(n)$. Dans (12.2) (avec $r=1$), pour $k=1,2,\ldots,B-2$, on remplace alors le produit des briques

$$R(n,0;i_k+\varepsilon+1)R(n,0;n-i_k-\varepsilon+1) = \binom{n+i_k+\varepsilon}{n}\binom{2n-i_k-\varepsilon}{n} \quad (14.1)$$

14. DÉMONSTRATION DU THÉORÈME 3, PARTIE i), ET DES THÉORÈMES 4 ET 5

par la brique spéciale $R_4(n, i_k; \varepsilon)$ définie au Lemme 12 au chapitre 11. De même, on remplace le produit

$$R(n - i_{A/2+B}, 0; rn + i_{A/2+B} + \varepsilon + 2) R_1(n, i_{A/2+B}, i_{A/2+B}; \varepsilon)$$
$$\times R_2(n, i_{A/2+B-1}, i_{A/2+B}; \varepsilon) R(i_{A/2+B-1} - i_{A/2+B-2}, 0; n+1)$$
$$\times \left(\prod_{k=B}^{A/2+B-2} R(i_k - i_{k-1}, 0; n+1) \binom{n}{i_k} R(0, i_k + 1; \varepsilon) \cdot \varepsilon \cdot R(0, n - i_k + 1; -\varepsilon) \cdot (-\varepsilon) \right)$$
$$\times R(n - i_{B-1}, 0; 1 - \varepsilon) R(n, 0; n - i_{B-1} - \varepsilon + 1) R(0, n - i_{B-1} + 1; -\varepsilon) \cdot (-\varepsilon)$$
(14.2)

dans (12.2) (avec $r = 1$) par

$$R(n, 0; 1 - \varepsilon) R_5(n, i_{B-1}, i_B, \ldots, i_{A/2+B}; \varepsilon), \tag{14.3}$$

où la brique spéciale $R_5(n, i_{B-1}, i_B, \ldots, i_{A/2+B}; \varepsilon)$ est définie au Lemme 13. Puis, on répète les mêmes arguments que ceux du chapitre 12, avec $R_4(n, i_k; \varepsilon)$ au lieu de (14.1) et (14.3) au lieu de (14.2), et en utilisant bien sûr le fait que les nombres (11.18) et (11.21) sont des nombres entiers. La conclusion est finalement l'énoncé du théorème pour $\mathbf{p}_{l,n}\left((-1)^A\right)$, $l \geq 1$, dans le cas que $A \geq 2$ pair.

D'autre part, dans la décomposition (13.3) (avec $r = 1$) on remplace

$$\frac{(i_{A/2+B})!}{i_1!(i_2 - i_1)! \cdots (i_{A/2+B} - i_{A/2+B-1})!}$$
$$\times \left(\prod_{j=1}^{B} R(n, 0; k + i_{j-1} + 1 - \varepsilon) R_1(n, n - k - i_j, n - i_j + i_{j-1}; \varepsilon) \right) \tag{14.4}$$

par

$$\frac{(i_{A/2+B})!}{i_B!(i_{B+1} - i_B)! \cdots (i_{A/2+B} - i_{A/2+B-1})!} R_6(n, i_1, i_2, \ldots, i_B; \varepsilon), \tag{14.5}$$

où $R_6(n, i_1, i_2, \ldots, i_B; \varepsilon)$ est la brique spéciale du Lemme 14. Puis, on répète les mêmes arguments que ceux du chapitre 13, avec (14.5) au lieu de (14.4), et en utilisant bien sûr le fait que le nombre (11.27) est un nombre entier. La conclusion est finalement l'énoncé du théorème pour $\mathbf{p}_{0,C,n}\left((-1)^A\right)$ dans le cas que $A \geq 2$ pair.

Lorsque $A \geq 3$ est impair, il faut utiliser les Corollaires 2 et 4, ainsi qu'une variante du Lemme 13 adaptée au Corollaire 4. La démonstration de cette variante étant calquée sur celle du Lemme 13, nous ne rentrons pas dans les détails afin de ne pas alourdir davantage le texte. □

CHAPITRE 15

Démonstration du Théorème 3, partie ii), et du Théorème 6

Nous commençons avec la partie ii) du Théorème 3. Le cas spécial $r=1$, $A=4$, $B=2$, $C=1$ du Théorème 5 montre déjà que $2\tilde{\Phi}_n^{-1}\mathrm{d}_n^4\mathbf{v}_n$ est un nombre entier. Pour achever la démonstration de la partie ii) du Théorème 3, il nous reste à démontrer que tout nombre premier p, $n < p \leq \frac{3}{2}n$, divise $2\mathrm{d}_n^4\mathbf{v}_n$. Comme un tel nombre premier p est premier avec $2\mathrm{d}_n$, il suffit de démontrer que la valuation p-adique $v_p(\mathbf{v}_n)$ est au moins 1. Pour cela, nous aurons besoin du lemme hypergéométrique suivant.

LEMME 16. *Pour tout nombre entier $q \geq 0$, on a*

$$\sum_{j=0}^{q-1}\binom{q+j-1}{j}^4\binom{q-1}{j}^2\frac{(q+j-1)!^2}{(2q+j-1)!^2}$$

$$\cdot\left(\left(\frac{q}{2}+j\right)\left(2H_j^{(3)}-2H_{q+j-1}^{(3)}\right)+\left(H_j^{(2)}-H_{q+j-1}^{(2)}\right)\right.$$

$$\left.\cdot\left(-1+\left(\frac{q}{2}+j\right)\left(6H_j-6H_{q+j-1}+2H_{2q+j-1}-2H_{q+j-1}\right)\right)\right)=0, \quad (15.1)$$

où les nombres H_j sont les nombres harmoniques et les nombres $H_j^{(e)}$ sont les nombres harmoniques généralisés définis par $H_j^{(e)}=\sum_{i=1}^{j}1/i^e$.

DÉMONSTRATION. On vérifie facilement que la somme à gauche de (15.1) s'exprime sous la forme

$$\frac{1}{2}\frac{\partial}{\partial\varepsilon}\frac{\partial^2}{\partial\eta^2}\left(\sum_{j=0}^{q-1}\left(\frac{q}{2}+j-\varepsilon\right)\binom{q+j-1}{j}\right.$$

$$\cdot\frac{(1-2\varepsilon)_{q+j-1}}{(1-2\varepsilon)_j\,(q-1)!}\frac{(1-\varepsilon-\eta)_{q+j-1}}{(1-\varepsilon-\eta)_j\,(q-1)!}\frac{(1-\varepsilon+\eta)_{q+j-1}}{(1-\varepsilon+\eta)_j\,(q-1)!}$$

$$\left.\cdot\frac{(q-1)!}{(1-\varepsilon)_j\,(q-j-1)!}\frac{(q-1)!}{(1-\varepsilon)_j\,(1+2\varepsilon)_{q-j-1}}\frac{(1-\varepsilon)_{q+j-1}^2}{(2q+j-1)!\,(1-2\varepsilon)_{2q+j-1}}\right)\bigg|_{\varepsilon=\eta=0},$$

(15.2)

soit en notation hypergéométrique :

$$\frac{1}{2}\frac{\partial}{\partial \varepsilon}\frac{\partial^2}{\partial \eta^2}\left(\frac{(1-\varepsilon)_{q-1}{}^2 (1-\varepsilon-\eta)_{q-1}(1-\varepsilon+\eta)_{q-1}}{4(q-1)!\,(2q-1)!\,(1+2\varepsilon)_{q-1}(1-2\varepsilon+q)_{q-1}}\right.$$

$$\left.\times {}_9F_8\!\left[\begin{array}{c}q-2\varepsilon, 1+\frac{q}{2}-\varepsilon, 1-2\varepsilon-q, q-\varepsilon-\eta, q-\varepsilon+\eta,\\ \frac{q}{2}-\varepsilon, 2q, 1-\varepsilon+\eta, 1-\varepsilon-\eta,\\ q, q-\varepsilon, q-\varepsilon, 1-q\\ 1-2\varepsilon, 1-\varepsilon, 1-\varepsilon, 2q-2\varepsilon\end{array};1\right]\right)\Bigg|_{\varepsilon=\eta=0}.$$

Notons $f(\varepsilon,\eta)$ le terme entre parenthèses. Nous allons démontrer que $f(\varepsilon,\eta)$ est une fonction paire de ε, c'est-à-dire, que $f(\varepsilon,\eta) = f(-\varepsilon,\eta)$. Il est clair que cela implique l'énoncé.

La démonstration de cette symétrie est basée sur la transformation de Bailey entre deux séries ${}_9F_8$ très bien équilibrées (voir [**44**, (2.4.4.1)]) :

$${}_9F_8\!\left[\begin{array}{c}a, 1+\frac{a}{2}, b, c, d, e, f,\\ \frac{a}{2}, 1+a-b, 1+a-c, 1+a-d, 1+a-e, 1+a-f,\\ 2+3a-b-c-d-e-f+N, -N\\ -1-2a+b+c+d+e+f-N, 1+a+N\end{array};1\right]$$

$$=\frac{(1+a)_N (2+2a-b-c-d-e)_N (2+2a-b-c-d-f)_N (1+a-e-f)_N}{(2+2a-b-c-d)_N (1+a-e)_N (1+a-f)_N (2+2a-b-c-d-e-f)_N}$$

$$\times {}_9F_8\!\left[\begin{array}{c}1+2a-b-c-d, \frac{3}{2}+a-\frac{b}{2}-\frac{c}{2}-\frac{d}{2}, 1+a-c-d, 1+a-b-d,\\ \frac{1}{2}+a-\frac{b}{2}-\frac{c}{2}-\frac{d}{2}, 1+a-b, 1+a-c, 1+a-d, 2+2a-b-c-d-e,\\ 1+a-b-c, e, f, 2+3a-b-c-d-e-f+N, -N\\ 2+2a-b-c-d-f, -a+e+f-N, 2+2a-b-c-d+N\end{array};1\right], \quad (15.3)$$

où N est un entier positif. On applique cette transformation à la série ${}_9F_8$ dans la définition de $f(\varepsilon,\eta)$: on obtient l'expression équivalente

$$\frac{(1+\varepsilon)_{q-1}{}^2 (1-\varepsilon-\eta)_{q-1}(1-\varepsilon+\eta)_{q-1}}{4(2q-1)!\,(1-2\varepsilon)_{q-1}(1+2\varepsilon)_{q-1}(q+1)_{q-1}}$$

$$\times {}_9F_8\!\left[\begin{array}{c}q, 1+\frac{q}{2}, 1-q, q-\varepsilon, q-\varepsilon, q+\varepsilon-\eta, q+\varepsilon+\eta, q, 1-q\\ \frac{q}{2}, 2q, 1+\varepsilon, 1+\varepsilon, 1-\varepsilon+\eta, 1-\varepsilon-\eta, 1, 2q\end{array};1\right]$$

pour $f(\varepsilon,\eta)$. Si l'on applique la transformation de Bailey une deuxième fois, on arrive exactement à $f(-\varepsilon,\eta)$. □

DÉMONSTRATION DE LA PARTIE ii) DU THÉORÈME 3. Soit p un nombre premier, $n < p \le \frac{3}{2}n$. Si $n = 2$, on peut vérifier l'énoncé directement. Nous pouvons donc désormais supposer que $p > 3$.

En utilisant la formule (13.1) pour $r = 1$, $A = 4$, $B = 2$ et $C = 1$, on obtient que $\mathbf{v}_n$ est donné par l'expression

$$\mathbf{v}_n = \frac{1}{2}\sum_{j=0}^{n}\sum_{e=1}^{4}\frac{e}{(4-e)!}\frac{\partial^{4-e}}{\partial \varepsilon^{4-e}}\left(\left(\frac{n}{2}-j+\varepsilon\right)\left(\frac{n!}{(1-\varepsilon)_j (1+\varepsilon)_{n-j}}\right)^4\right.$$

$$\left.\cdot \binom{n+j-\varepsilon}{n}^2\binom{2n-j+\varepsilon}{n}^2\right)\Bigg|_{\varepsilon=0}\cdot \left(H_j^{(e+1)}+(-1)^{e+1}H_{n-j}^{(e+1)}\right). \quad (15.4)$$

15. DÉMONSTRATION DU THÉORÈME 3, PARTIE ii), ET DU THÉORÈME 6

Nous voulons démontrer que la valuation p-adique de cette expression est au moins 1. Pour faciliter le calcul, on fait deux remarques :

(R1) On peut à volonté multiplier ou diviser l'expression (15.4) par des nombres qui sont premiers avec p, et la valuation p-adique de l'expression obtenue sera au moins 1 si et seulement si c'est vrai pour l'expression originale.

(R2) On peut à volonté remplacer un nombre x par un nombre y dans (15.4) si $v_p(x-y) \geq 1$, et la valuation p-adique de l'expression obtenue sera au moins 1 si et seulement si c'est vrai pour l'expression originale. Cette remarque vaut puisque, après un instant de réflexion, on se convainc qu'aucun dénominateur dans (15.4) n'est divisible par p.

Nous rappelons maintenant que le Lemme 8 du chapitre 11 montre que p divise le produit $\binom{n+j}{n}\binom{2n-j}{n}$ pour tout j, $0 \leq j \leq n$. C'est en fait complètement évident pour un nombre premier p entre $n+1$ et $\frac{3}{2}n$ puisque $v_p((2n-j)!) = 1$ pour $j \leq n/2$ et $v_p((n+j)!) = 1$ pour $j \geq n/2$. Il s'ensuit que

$$v_p\left(\frac{\partial}{\partial \varepsilon}\left(\binom{n+j-\varepsilon}{n}^2 \binom{2n-j+\varepsilon}{n}^2\right)\bigg|_{\varepsilon=0}\right) \geq 1, \qquad (15.5)$$

$$\frac{1}{2}\frac{\partial^2}{\partial \varepsilon^2}\left(\binom{n+j-\varepsilon}{n}^2 \binom{2n-j+\varepsilon}{n}^2\right)\bigg|_{\varepsilon=0} = \frac{1}{p^2}\binom{n+j}{n}^2 \binom{2n-j}{n}^2 + N_1, \quad (15.6)$$

où $v_p(N_1) \geq 1$, et

$$\frac{1}{6}\frac{\partial^3}{\partial \varepsilon^3}\left(\binom{n+j-\varepsilon}{n}^2 \binom{2n-j+\varepsilon}{n}^2\right)\bigg|_{\varepsilon=0}$$
$$= \frac{1}{p^2}\binom{n+j}{n}^2 \binom{2n-j}{n}^2 \bigg(2H_j - 2H_{n-j} + 2H_{2n-j}$$
$$+ \frac{2 \cdot (\chi(j > n/2) - \chi(j < n/2))}{p} - 2H_{n+j}\bigg) + N_2, \quad (15.7)$$

où $v_p(N_2) \geq 1$, et, comme auparavant, $\chi(\mathcal{A}) = 1$ si $\mathcal{A}$ est vrai et $\chi(\mathcal{A}) = 0$ sinon. En appliquant le Lemme 8 et le fait (15.5) dans (15.4), en combinaison avec la remarque (R2), on obtient que les valuations p-adiques des sommandes pour $e = 4$ et $e = 3$ sont au moins 1. Ensuite on applique la formule de Leibniz pour calculer les dérivées des sommandes pour $e = 2$ et $e = 1$. En utilisant de nouveau le Lemme 8, puis les faits (15.5)–(15.7) en combinaison avec la remarque (R2), on conclut que la valuation p-adique de $\mathbf{v}_n$ est au moins 1 si et seulement si la valuation p-adique de

$$\sum_{j=0}^{n} 2\left(\frac{n}{2} - j\right) \binom{n}{j}^4 \frac{1}{p^2}\binom{n+j}{n}^2 \binom{2n-j}{n}^2 \cdot \left(H_j^{(3)} - H_{n-j}^{(3)}\right)$$
$$+ \sum_{j=0}^{n} \left(\frac{n}{2} - j\right) \binom{n}{j}^4 \frac{1}{p^2}\binom{n+j}{n}^2 \binom{2n-j}{n}^2 \cdot \left(H_j^{(2)} + H_{n-j}^{(2)}\right)$$
$$\cdot \left(6H_j - 6H_{n-j} + 2H_{2n-j} + \frac{2 \cdot (\chi(j > n/2) - \chi(j < n/2))}{p} - 2H_{n+j} + \frac{1}{\frac{n}{2} - j}\right)$$

est au moins 1. En utilisant le Lemme 8 une dernière fois, on remarque que, dans ces deux sommes, les sommandes pour $p - n \leq j \leq 2n - p$ sont divisibles par p. De plus, les sommes partielles $\sum_{j=0}^{p-n-1}$ et $\sum_{j=2n-p}^{n}$ sont égales, ce que l'on peut vérifier en faisant la substitution $j \to n - j$. On en conclut que $v_p(\mathbf{v}_n) \geq 1$ si et seulement si la valuation p-adique de

$$\sum_{j=0}^{p-n-1} 2\left(\frac{n}{2} - j\right)\binom{n}{j}^4 \frac{1}{p^2}\binom{n+j}{n}^2\binom{2n-j}{n}^2 \cdot \left(H_j^{(3)} - H_{n-j}^{(3)}\right)$$
$$+ \sum_{j=0}^{p-n-1} \left(\frac{n}{2} - j\right)\binom{n}{j}^4 \frac{1}{p^2}\binom{n+j}{n}^2\binom{2n-j}{n}^2 \cdot \left(H_j^{(2)} + H_{n-j}^{(2)}\right)$$
$$\cdot \left(6H_j - 6H_{n-j} + 2H_{2n-j} - \frac{2}{p} - 2H_{n+j} + \frac{1}{\frac{n}{2} - j}\right) \quad (15.8)$$

est au moins 1.

Écrivons $p = n + q$. On vérifie facilement que

$$\binom{n}{j} \equiv (-1)^j \binom{q+j-1}{j} \pmod{p}, \quad (15.9)$$
$$\binom{n+j}{n} = \binom{n+j}{j} \equiv (-1)^j \binom{q-1}{j} \pmod{p}, \quad (15.10)$$

et

$$\frac{n!}{p}\binom{2n-j}{n} = \frac{(n-j+1)(n-j+2)\cdots(2n-j)}{p}$$
$$\equiv (-1)^{q+1}(q+j-1)!\,(2q+j-1)!^{-1} \pmod{p}. \quad (15.11)$$

Puis, en groupant par deux les termes dans la définition du nombre harmonique H_{p-1}, on remarque que $v_p(H_{p-1}) \geq 1$. Par la même raison on a $v_p\left(H_{p-1}^{(3)}\right) \geq 1$. Nous prétendons que l'on a aussi $v_p\left(H_{p-1}^{(2)}\right) \geq 1$ si $p > 3$. En effet, on a

$$\sum_{i=1}^{p-1} i^2 = \frac{(p-1)\,p\,(2p-1)}{6},$$

ce qui implique que la somme des restes quadratiques modulo p est divisible par p si $p > 3$. Comme l'ensemble des réciproques des restes quadratiques modulo p est le même que l'ensemble des restes quadratiques modulo p, l'énoncé $v_p\left(H_{p-1}^{(2)}\right) \geq 1$

15. DÉMONSTRATION DU THÉORÈME 3, PARTIE ii), ET DU THÉORÈME 6

en découle[1]. Pour $0 \leq j \leq q = p - n$, on a donc

$$H_{n-j} = H_{p-1} - \left(\frac{1}{p-q-j+1} + \frac{1}{p-q-j+2} + \cdots + \frac{1}{p-1}\right)$$
$$= H_{q+j-1} + N_3, \tag{15.12}$$

$$H_{n+j} = H_{p-1} - \left(\frac{1}{p-q+j+1} + \frac{1}{p-q+j+2} + \cdots + \frac{1}{p-1}\right)$$
$$= H_{q-j-1} + N_4, \tag{15.13}$$

$$H_{2n-j} - \frac{1}{p} = H_{p-1} + \left(\frac{1}{p+1} + \frac{1}{p+2} + \cdots + \frac{1}{2p-2q-j}\right)$$
$$= H_{p-1} + \left(\frac{1}{p+1} + \frac{1}{p+2} + \cdots + \frac{1}{2p-1}\right)$$
$$\quad - \left(\frac{1}{2p-2q-j+1} + \frac{1}{2p-2q-j+2} + \cdots + \frac{1}{2p-1}\right)$$
$$= H_{2q+j-1} + N_5, \tag{15.14}$$

$$H_{n-j}^{(2)} = H_{p-1}^{(2)} - \left(\frac{1}{(p-q-j+1)^2} + \frac{1}{(p-q-j+2)^2} + \cdots + \frac{1}{(p-1)^2}\right)$$
$$= -H_{q+j-1}^{(2)} + N_6, \tag{15.15}$$

$$H_{n-j}^{(3)} = H_{p-1}^{(3)} - \left(\frac{1}{(p-q-j+1)^3} + \frac{1}{(p-q-j+2)^3} + \cdots + \frac{1}{(p-1)^3}\right)$$
$$= H_{q+j-1}^{(3)} + N_7, \tag{15.16}$$

où N_3, N_4, N_5, N_6, N_7 sont des nombres dont la valuation p-adique est au moins 1. En substituant (15.9)–(15.16) dans (15.8), on obtient que $v_p(\mathbf{v}_n) \geq 1$ si et seulement si la valuation p-adique de

$$\sum_{j=0}^{q-1} 2\left(-\frac{q}{2} - j\right)\binom{q+j-1}{j}^4 \binom{q-1}{j}^2 \frac{(q+j-1)!^2}{(2q+j-1)!^2} \cdot \left(H_j^{(3)} - H_{q+j-1}^{(3)}\right)$$
$$+ \sum_{j=0}^{q-1} \left(-\frac{q}{2} - j\right)\binom{q+j-1}{j}^4 \binom{q-1}{j}^2 \frac{(q+j-1)!^2}{(2q+j-1)!^2} \cdot \left(H_j^{(2)} - H_{q+j-1}^{(2)}\right)$$
$$\cdot \left(6H_j - 6H_{q+j-1} + 2H_{2q+j-1} - 2H_{q-j-1} - \frac{1}{\frac{q}{2}+j}\right)$$

est au moins 1. Or cette dernière expression est l'opposée du membre de gauche dans (15.1), qui, selon le Lemme 16, vaut 0. La valuation p-adique de $\mathbf{v}_n$ est donc au moins 1. □

Pour la démonstration du Théorème 6, l'approche est similaire. Le cas spécial $r = 1$, $A = 4$, $B = 2$, $C = 3$ du Théorème 5 montre déjà que $2\tilde{\Phi}_n^{-1} d_n^6 \mathbf{p}_{0,3,n}(1)$ est un nombre entier. Pour achever la démonstration du Théorème 6, il nous reste à démontrer que pour tout nombre premier p, $n < p \leq \frac{3}{2}n$, la valuation p-adique

---

[1] Les énoncés sur H_{p-1} et $H_{p-1}^{(2)}$ sont bien sûr des corollaires du théorème de Wolstenholme (voir [21, Chapter VII]), qui affirme que $v_p(H_{p-1}) \geq 2$ si $p > 3$ et $v_p\left(H_{p-1}^{(2)}\right) \geq 1$ si $p \geq 3$.

de $\mathbf{p}_{0,3,n}(1)$ est au moins 1. Pour cela, nous avons besoin d'un autre lemme hypergéométrique.

LEMME 17. *Pour tout nombre entier $q \geq 0$, on a*

$$\sum_{j=0}^{q-1} \binom{q+j-1}{j}^4 \binom{q-1}{j}^2 \frac{(q+j-1)!^2}{(2q+j-1)!^2} \left(\left(\frac{q}{2} + j \right) \left(4H_j^{(5)} - 4H_{q+j-1}^{(5)} \right) \right.$$
$$\left. + \left(H_j^{(4)} - H_{q+j-1}^{(4)} \right) \left(-1 + \left(\frac{q}{2} + j \right) (6H_j - 6H_{q+j-1} + 2H_{2q+j-1} - 2H_{q+j-1}) \right) \right) = 0.$$
(15.17)

ESQUISSE DE LA DÉMONSTRATION. Soit $f(\varepsilon, \eta_1, \eta_2)$ la somme donnée par

$$\sum_{j=0}^{q-1} \left(\frac{q}{2} + j - \varepsilon \right) \binom{q+j-1}{j} \frac{(1-2\varepsilon)_{q+j-1}}{(1-2\varepsilon)_j (q-1)!} \frac{(1-\varepsilon-\eta_1)_{q+j-1}}{(1-\varepsilon-\eta_1)_j (q-1)!}$$
$$\cdot \frac{(1-\varepsilon+\eta_1)_{q+j-1}}{(1-\varepsilon+\eta_1)_j (q-1)!} \frac{(q-1)!}{(1-\varepsilon-\eta_2)_j (q-j-1)!}$$
$$\cdot \frac{(q-1)!}{(1-\varepsilon+\eta_2)_j (1+2\varepsilon)_{q-j-1}} \frac{(1-\varepsilon-\eta_2)_{q+j-1}}{(2q+j-1)!} \frac{(1-\varepsilon+\eta_2)_{q+j-1}}{(1-2\varepsilon)_{2q+j-1}}.$$

On peut vérifier que la somme à gauche de (15.17) est égale à

$$\frac{1}{12} \frac{\partial}{\partial \varepsilon} \frac{\partial^4}{\partial \eta_1^4} f(\varepsilon, \eta_1, \eta_2) \bigg|_{\varepsilon = \eta_1 = 0} - \frac{1}{4} \frac{\partial}{\partial \varepsilon} \frac{\partial^2}{\partial \eta_1^2} \frac{\partial^2}{\partial \eta_2^2} f(\varepsilon, \eta_1, \eta_2) \bigg|_{\varepsilon = \eta_1 = \eta_2 = 0}. \quad (15.18)$$

Évidemment, la somme notée $f(\varepsilon, \eta)$ dans (15.2) n'est rien d'autre que $f(\varepsilon, \eta, 0)$. En effet, $f(\varepsilon, \eta_1, \eta_2)$ peut s'aussi exprimer comme une série $_9F_8$ très bien équilibrée. On démontre alors de la même façon que lors de la démonstration du Lemme 16 que $f(\varepsilon, \eta_1, \eta_2) = f(-\varepsilon, \eta_1, \eta_2)$. De nouveau, on a besoin d'une double application de la transformation (15.3) de Bailey pour le faire. Les termes dans (15.18) sont donc nuls, ce qui implique l'énoncé. □

ESQUISSE DE LA DÉMONSTRATION DU THÉORÈME 6. On suit la démarche de la démonstration de la partie ii) du Théorème 3 ci-dessus. C'est-à-dire, soit p un nombre premier, $n < p \leq \frac{3}{2}n$. On part de l'expression (13.1) (avec $r = 1$, $A = 4$, $B = 2$, $C = 3$) pour $\mathbf{p}_{0,3,n}(1)$, et ensuite on réduit l'expression obtenue en utilisant les remarques (R1) et (R2) dans la démonstration précédente. Le résultat de la réduction sera le membre de gauche de (15.17), au signe près. On conclut comme auparavant que la valuation p-adique de $\mathbf{p}_{0,3,n}(1)$ est au moins 1, ce qui achève la démonstration du théorème. □

REMARQUE. Le Théorème 3, partie ii), et le Théorème 6 sont extrêmement spéciaux. En effet, quand on regarde l'expression (2.14), il est évident que l'on ne peut espérer une telle amélioration du Théorème 5 que lorsqu'il n'y a pas trop de dérivées, c'est-à-dire lorsque A est petit (dans ces deux théorèmes, on a $A = 4$). Mais cela ne suffit pas. Il faut aussi les deux identités hypergéométrico-harmoniques aux Lemmes 16 et 17, qui dépendent fortement de la possibilité d'une écriture compacte de la somme en question comme une somme de dérivées (voir (15.2) et (15.18)) et de la coïncidence « miraculeuse » que la fonction à laquelle on applique les dérivées soit paire, ce que l'on a démontré en utilisant la transformation (15.3) de Bailey. Or, si

C est pair, une écriture comme somme de dérivées ne semble pas d'être possible. En particulier, c'est la raison pour laquelle cette approche ne marche pas pour $C = 2$, et, comme on l'a déjà mentionné au chapitre 3, on peut vérifier numériquement qu'une telle amélioration du Théorème 5 n'a pas lieu.

D'autre part, pour $C \geq 4$, il serait nécessaire d'introduire davantage de paramètres auxiliaires (comme η dans la démonstration du Lemme 16 et η_1 et η_2 dans la démonstration du Lemme 17). Or, il n'y a plus la place de le faire et, là aussi, on ne sait pas comment exprimer la somme comme somme de dérivées. De nouveau, les expériences indiquent qu'une telle amélioration du Théorème 5 n'a pas lieu pour $C \geq 4$.

CHAPITRE 16

Encore un peu d'hypergéométrie

Nous démontrons dans ce chapitre que l'on peut démontrer l'équivalence[1] de la série de Beukers, Gutnik et Nesterenko (2.1) et de la série de Ball (2.5) directement, à l'aide des identités classiques pour les séries hypergéométriques, et de même l'équivalence des séries (2.2) et (2.8) pour $\zeta(2)$. Cela constitue une alternative attractive à la démonstration de Zudilin [**54**] qui utilise l'algorithme de Gosper–Zeilberger.[2]

Nous commençons avec la série de Ball

$$\mathbf{B}_n = n!^2 \sum_{k=1}^{\infty} \left(k + \frac{n}{2}\right) \frac{(k-n)_n (k+n+1)_n}{(k)_{n+1}^4}$$

$$= \frac{n!^7 (3n+2)!}{2(2n+1)!^5} \; _7F_6 \left[\begin{array}{c} 3n+2, \frac{3}{2}n+2, n+1, n+1, n+1, n+1, n+1 \\ \frac{3}{2}n+1, 2n+2, 2n+2, 2n+2, 2n+2, 2n+2 \end{array} ; 1 \right],$$

que l'on écrit comme la limite suivante :

$$\mathbf{B}_n = \lim_{\varepsilon \to 0} \frac{n!^7 (3n+2)!}{2(2n+1)!^5} \; _7F_6 \left[\begin{array}{c} 3n+2\varepsilon+2, \frac{3}{2}n+\varepsilon+2, n+\varepsilon+1, n+\varepsilon+1, \\ \frac{3}{2}n+\varepsilon+1, 2n+\varepsilon+2, 2n+\varepsilon+2, \\ n+\varepsilon+1, n+\varepsilon+1, n+\varepsilon+1 \\ 2n+\varepsilon+2, 2n+\varepsilon+2, 2n+\varepsilon+2 \end{array} ; 1 \right].$$

---

[1]Par « équivalence » nous entendons *deux* choses : premièrement, que les valeurs de deux séries sont égales et, deuxièmement, une vérification directe (qui n'utilise surtout pas l'irrationalité de $\zeta(3)$) que les décompositions en combinaisons linéaires de 1 et $\zeta(3)$, que l'on obtient en appliquant la démarche classique, sont identiques.

[2]Dans [**54**, dernier paragraphe], Zudilin donne aussi une autre démonstration « classique » de l'égalité des valeurs de ces deux séries (mais pas de l'égalité des décompositions en combinaisons linéaires de 1 et $\zeta(3)$) en utilisant une identité intégrale due à Bailey. Cette démonstration est essentiellement équivalente à celle donnée ici, une fois constaté, après application du théorème des résidus, que l'intégrale dans l'identité de Bailey peut s'écrire comme somme de deux séries $_4F_3$.

À cette série, on applique alors la version non terminée de la transformation de Whipple, due à Bailey (voir [**44**, (2.4.4.3)]) :

$$
{}_7F_6\!\left[\begin{matrix} a, 1+\frac{a}{2}, b, c, d, e, f \\ \frac{a}{2}, 1+a-b, 1+a-c, 1+a-d, 1+a-e, 1+a-f \end{matrix}; 1\right]
$$
$$
= \frac{\Gamma(1+a-d)\,\Gamma(1+a-e)\,\Gamma(1+a-f)\,\Gamma(1+a-d-e-f)}{\Gamma(1+a)\,\Gamma(1+a-d-e)\,\Gamma(1+a-d-f)\,\Gamma(1+a-e-f)}
$$
$$
\times {}_4F_3\!\left[\begin{matrix} 1+a-b-c, d, e, f \\ 1+a-b, 1+a-c, -a+d+e+f \end{matrix}; 1\right]
$$
$$
+ \frac{\Gamma(1+a-b)\,\Gamma(1+a-c)\,\Gamma(1+a-d)\,\Gamma(1+a-e)\,\Gamma(1+a-f)}{\Gamma(1+a)\,\Gamma(1+a-b-c)\,\Gamma(d)\,\Gamma(e)}
$$
$$
\times \frac{\Gamma(2+2a-b-c-d-e-f)\,\Gamma(-1-a+d+e+f)}{\Gamma(2+2a-b-d-e-f)\,\Gamma(2+2a-c-d-e-f)\,\Gamma(f)}
$$
$$
\times {}_4F_3\!\left[\begin{matrix} 1+a-d-e, 1+a-d-f, 1+a-e-f, 2+2a-b-c-d-e-f \\ 2+2a-b-d-e-f, 2+2a-c-d-e-f, 2+a-d-e-f \end{matrix}; 1\right].
$$
(16.1)

De la sorte, on obtient l'expression

$$\mathbf{B}_n = \lim_{\varepsilon \to 0} \frac{1}{2\varepsilon}\left(\sum_{k=1}^{\infty} \frac{(k-n)_n\,(k-n-\varepsilon)_n}{(k)_{n+1}^2} - \sum_{k=1}^{\infty} \frac{(k-n)_n\,(k-n+\varepsilon)_n}{(k+\varepsilon)_{n+1}^2}\right),$$

soit, en utilisant le Théorème de l'Hôpital,

$$\mathbf{B}_n = -\frac{1}{2}\sum_{k=1}^{\infty} \frac{\partial}{\partial \varepsilon} \left.\frac{(k-n+\varepsilon)_n^2}{(k+\varepsilon)_{n+1}^2}\right|_{\varepsilon=0},$$

ce qui est exactement la moitié de la série de Beukers, Gutnik et Nesterenko (2.1). (Pour un q-analogue de ces séries et de cette démonstration, voir [**28**, Par. 4.2].)

L'égalité du coefficient a_n d'Apéry (voir (2.3)) et du coefficient $\mathbf{a}_n$ de Ball (voir (2.6)) vient directement en spécialisant la transformation de Whipple (6.2) en $a = n+1$, $b = -n+\varepsilon$, $c = n+\varepsilon+1$, $d = -n$, $e = 1$ et $f = 1+2\varepsilon$, et ensuite en faisant tendre ε vers 0. De la sorte, on obtient a_n à gauche et, encore en vertu de la formule de l'Hôpital, le coefficient $\mathbf{a}_n$ à droite. Il découle de ces deux égalités que les coefficients $b_n/2$ et $\mathbf{b}_n$ sont égaux.

Considérons maintenant les séries (2.2) et (2.8). En termes hypergéométriques, la série (2.2) s'écrit sous la forme

$$(-1)^n \frac{n!^4}{(2n+1)!^2} \, {}_3F_2\!\left[\begin{matrix} n+1, n+1, n+1 \\ 2n+2, 2n+2 \end{matrix}; 1\right],$$

alors que la série (2.8) s'écrit sous la forme

$$-(-1)^n \frac{n!^5\,(3n+2)!}{2\,(2n+1)!^4} \, {}_6F_5\!\left[\begin{matrix} 3n+2, \frac{3n}{2}+2, n+1, n+1, n+1, n+1 \\ \frac{3n}{2}+1, 2n+2, 2n+2, 2n+2, 2n+2 \end{matrix}; -1\right].$$

En spécialisant $a = 3n+2$, $b = c = d = e = n+1$ dans (8.3) (une transformation qui est en fait un cas limite de la transformation (16.1), ce que l'on voit en restreignant f aux valeurs entières négatives, et en faisant ensuite tendre f vers $-\infty$), on constate que l'opposée de (2.8) est la moitié de (2.2).

Comme on l'a déjà remarqué, l'égalité des coefficients α_n et p_n est le contenu de la Proposition 2 spécialisée en $A = 3$. Il s'ensuit que les coefficients $-\beta_n/2$ et q_n sont égaux.

CHAPITRE 17

Perspectives

Dans ce chapitre de conclusion, nous présentons quelques problèmes ouverts, ou en cours de résolution, que l'on peut essayer d'aborder par les méthodes introduites dans cet article.

17.1. Les séries asymétriques de Zudilin

Pour démontrer l'irrationalité d'au moins un des nombres $\zeta(5), \zeta(7), \zeta(9), \zeta(11)$, Zudilin [56] a utilisé la série dérivée suivante, qui est une perturbation des séries du type (2.10) (voir aussi [16], à qui nous empruntons la formulation ci-dessous) :

$$\mathbf{Z}_n = \prod_{u=1}^{10} \frac{((13+2u)n)!}{(27n)!^6} \sum_{k=1}^{\infty} \frac{1}{2} \frac{\partial^2}{\partial k^2} \left(\left(k + \frac{37n}{2} \right) \frac{(k-27n)_{27n}^3 (k+37n+1)_{27n}^3}{\prod_{u=1}^{10}(k+(12-u)n)_{(13+2u)n+1}} \right).$$

Il existe des rationnels $\mathbf{z}_{j,n}$ ($j = 0, 1, \ldots, 4$) tels que $\mathbf{Z}_n = \mathbf{z}_{0,n} + \sum_{j=1}^{4} \mathbf{z}_{j,n} \zeta(2j+3)$ et $2\mathrm{d}_{35n}^3 \mathrm{d}_{34n} \mathrm{d}_{33n}^8 \mathbf{z}_{j,n} \in \mathbb{Z}$. Numériquement, il semble que l'on ait ici aussi une conjecture des dénominateurs :

$$2\mathrm{d}_{35n}^3 \mathrm{d}_{34n} \mathrm{d}_{33n}^7 \mathbf{z}_{j,n} \in \mathbb{Z}, \tag{17.1}$$

c'est-à-dire que l'on peut espérer gagner un facteur d_{33n}. *Stricto sensu*, Zudilin ne prouve pas cette conjecture mais la contourne en montrant qu'il existe un entier $\hat{\Phi}_n$ tel que[1]

$$2\mathrm{d}_{35n}^3 \mathrm{d}_{34n} \mathrm{d}_{33n}^8 \hat{\Phi}_n^{-1} \mathbf{z}_{j,n} \in \mathbb{Z}. \tag{17.2}$$

Puisque $\mathrm{d}_{33n} < \hat{\Phi}_n$, l'estimation (17.2) est meilleure que celle prédite par la seule conjecture des dénominateurs (17.1), et elle suffit à montrer le théorème envisagé.

Néanmoins, en oubliant ce facteur $\hat{\Phi}_n$ qui joue un rôle à part, Zudilin énonce une conjecture très générale sur le dénominateur commun aux coefficients des combinaisons linéaires de valeurs de zêta que l'on peut construire à l'aide de ce type de séries « asymétriques » : voir [56, paragraphe 9] pour l'énoncé de cette conjecture. Comme les coefficients des séries asymétriques considérées par Zudilin s'expriment encore comme des séries hypergéométriques très bien équilibrées, on peut leur appliquer nos Théorèmes 8 et 9 et les exprimer sous forme de sommes multiples. La difficulté majeure pour en déduire le dénominateur conjecturé par Zudilin réside dans le sommande de la somme multiple ainsi obtenue, qu'il semble très compliqué d'arranger sous forme d'une décomposition en briques élémentaires ou spéciales.

Par ailleurs, sous cette forme, cette conjecture n'est probablement pas assez forte pour une éventuelle application diophantienne, puisque, comme remarqué ci-dessus, sur l'exemple de la série $\mathbf{Z}_n$, on a $\mathrm{d}_{33n} < \hat{\Phi}_n$. Il est donc en fait essentiel

---

[1]Le facteur $\hat{\Phi}_n$ coïncide essentiellement avec notre $\tilde{\Phi}_n$ quand on spécialise la construction de Zudilin au cas des séries « symétriques » considérées dans cet article, ce qui donne encore plus de poids aux observations numériques faites au chapitre 3 entre les Théorèmes 5 et 6.

de généraliser notre Théorème 5, c'est-à-dire de déterminer dans chaque situation des entiers $\check{\Phi}_n$ tels que, en poursuivant sur l'exemple de ce paragraphe, l'on ait $\hat{\Phi}_n \leq \mathrm{d}_{33n}\check{\Phi}_n$ et

$$2\mathrm{d}_{35n}^3 \mathrm{d}_{34n} \mathrm{d}_{33n}^7 \check{\Phi}_n^{-1} \mathbf{z}_{j,n} \in \mathbb{Z},$$

ce qui serait alors au moins aussi bon que l'estimation (17.2).

17.2. La conjecture des dénominateurs liée aux valeurs de la fonction beta

La fonction beta est définie par la série de Dirichlet

$$\beta(s) = \sum_{k=0}^{\infty} \frac{(-1)^k}{(2k+1)^s},$$

dont il est bien connu que les valeurs aux entiers impairs j sont dans $\mathbb{Q}\pi^j$. En revanche, rien n'était connu sur la nature arithmétique des valeurs de beta aux entiers pairs, avant l'article [**43**] où il est démontré que : « *une infinité des nombres $\beta(j)$, $j \geq 2$ pair, sont linéairement indépendants sur $\mathbb{Q}$* » et « *au moins un des sept nombres $\beta(2), \beta(4),\ldots,\beta(14)$ est irrationnel* ». La méthode est basée sur la construction de combinaisons linéaires en les valeurs de beta au moyen, de nouveau, de certaines séries hypergéométriques très bien équilibrées, éventuellement dérivées. Par exemple, la série suivante produit des approximations rationnelles de la constante de Catalan $G = \beta(2)$:

$$\mathbf{G}_n = n! \sum_{k=1}^{\infty} (-1)^k \left(k + \frac{n-1}{2}\right) \frac{(k-n)_n (k+n)_n}{\left(k - \frac{1}{2}\right)_{n+1}^3} = \mathbf{e}_n G - \mathbf{f}_n,$$

où $2^{4n}\mathrm{d}_{2n}\mathbf{e}_n$ et $2^{4n}\mathrm{d}_{2n}^3 \mathbf{f}_n$ sont entiers. Il apparaît numériquement que $2^{4n}\mathbf{e}_n$ et $2^{4n}\mathrm{d}_{2n}^2 \mathbf{f}_n$ sont déjà entiers (voir [**43**, fin du paragraphe 9]), ce qui a été confirmé par le deuxième auteur dans [**42**] par une méthode très indirecte d'approximation de Padé. (Voir [**58**] pour une démonstration « asymptotique ».) Ce raffinement demeure néanmoins insuffisant pour montrer l'irrationalité de G.

Bien que cela ne soit mentionné ni dans [**43**] ni dans [**42**], on peut formuler une conjecture des dénominateurs pour les séries de [**43**] tout aussi générale que celle de Zudilin [**56**]. En utilisant les techniques de cet article, nous sommes capables de démontrer cette conjecture pour les analogues de nos coefficients $\mathbf{p}_{0,C,n}\left((-1)^A\right)$ et $\mathbf{p}_{l,n}\left((-1)^A\right)$ dans le cas des séries « symétriques » :

$$n!^{A-2Br} \sum_{k=1}^{\infty} \frac{1}{C!} \frac{\partial^C}{\partial k^C} \left(\left(k + \frac{n-1}{2}\right) \frac{(k-rn)_{rn}^B (k+n)_{rn}^B}{\left(k - \frac{1}{2}\right)_{n+1}^A} \right) (-1)^{kA}.$$

Il est évident que notre approche s'applique aussi à ces séries (légèrement différentes des séries $\mathbf{S}_{n,A,B,C,r}\left((-1)^A\right)$ de notre article) puisqu'elles sont aussi des séries très bien équilibrées. Si, toutefois, on parvenait à démontrer la totalité de cette conjecture, on pourrait alors peut-être démontrer l'irrationalité d'au moins un des six nombres $\beta(2), \beta(4),\ldots,\beta(12)$. Nous envisageons de revenir à ces questions dans une publication future.

17.3. La q-conjecture des dénominateurs

Définissons, pour tous q et s tels que $|q| < 1$ et $s \geq 1$, la série

$$\zeta_q(s) = \sum_{k=1}^{\infty} k^{s-1} \frac{q^k}{1-q^k},$$

qui est un q-analogue de $\zeta(s)$ au sens suivant :

$$\lim_{q \to 1}(1-q)^s \zeta_q(s) = (s-1)!\,\zeta(s).$$

En dehors du cas $s = 1$, la nature arithmétique des valeurs de $\zeta_q(s)$ aux entiers s impairs était totalement inconnue, jusqu'à l'article [**28**] où les versions q-analogiques de certains des théorèmes rappelés au chapitre 2 ont été établies : pour tout $q \neq \pm 1$ tel que $1/q \in \mathbb{Z}$, « *une infinité des nombres* $\zeta_q(j)$, $j \geq 1$ *impair, sont linéairement indépendants sur* $\mathbb{Q}$ » et « *au moins un des cinq nombres* $\zeta_q(3), \zeta_q(5), \zeta_q(7), \zeta_q(9), \zeta_q(11)$ *est irrationnel* ».

Les démonstrations sont basées sur l'étude d'une série hypergéométrique basique similaire à celles de cet article, mais qui n'est cependant pas toujours très bien équilibrée. Il est indiqué au dernier paragraphe de [**28**] que pour démontrer les mêmes théorèmes, on aurait tout aussi bien pu utiliser une autre série basique très bien équilibrée, qui redonne la série $\bar{\mathbf{S}}_{n,A,r}(1)$ du paragraphe 2.2, lorsque q tend vers 1. Avec cette série alternative, apparaît alors une q-conjecture des dénominateurs, dont la preuve permettrait de montrer l'irrationalité d'au moins un des quatre nombres $\zeta_q(3), \zeta_q(5), \zeta_q(7), \zeta_q(9)$. Or des versions q-analogiques de nos Théorèmes 8 et 9 sont connues : comme nous l'avons mentionné au chapitre 6, Andrews a en fait démontré un q-analogue du Théorème 8 dans [**3**], et un q-analogue de la transformation (6.6) (ici nécessaire pour déduire le Théorème 9 du Théorème 8) est aussi connu (voir [**18**, (2.10.4) ; Appendix (III.15)]). Il est donc possible que l'on puisse démontrer cette q-conjecture des dénominateurs plus facilement que les autres conjectures mentionnées dans ce chapitre.

17.4. La version non-terminée des identités gigantesques

Le chapitre 16 présente des identités pour des séries infinies qui relient des séries « à mauvais » dénominateurs (plus précisément, la série de Ball $\mathbf{B_n}$ pour $\zeta(3)$ et la série (2.8) pour $\zeta(2)$) aux séries « à bons » dénominateurs. On peut aussi considérer que le théorème de Zudilin [**55**, paragraphe 8], liant les intégrales de Vasilyev à une série hypergéométrique très bien équilibrée, est une identité de ce type : en effet, comme nous l'avons expliqué au chapitre 7, les intégrales de Vasilyev se développent naturellement en une série multiple infinie et c'est la comparaison des deux membres de l'identité de Zudilin qui nous a permis de deviner certaines propositions au chapitre 8.

Il est donc envisageable que ce type d'identités puisse fournir une approche plus simple et/ou globale pour les diverses conjectures des dénominateurs. Dans ce but, il est donc utile d'obtenir les versions non-terminées de nos Théorèmes 8 et 9, ou même plus simplement de certaines de leurs spécialisations. De fait, dans le cas du Théorème 8, nous avons déjà obtenu une telle version non-terminée (voir [**27**]), qui nous a permis de donner une nouvelle démonstration purement hypergéométrique du théorème de Zudilin mentionné ci-dessus.

On ne doit cependant pas négliger le fait que l'approche par les séries hypergéométriques multiples présente pour le moment de sérieuses difficultés. Pour les décrire, nous avons besoin d'introduire les nombres polyzêtas, définis par

$$\zeta(\underline{j}) = \sum_{1 \leq k_s < \cdots < k_1} \frac{1}{k_1^{j_1} k_2^{j_2} \cdots k_s^{j_s}},$$

où $s \geq 1$ et $\underline{j} = (j_1, j_2, \ldots, j_s)$ est un s-uplet d'entiers ≥ 1, avec $j_1 \geq 2$ (voir [**50**] pour une introduction aux propriétés de ces nombres). L'intégrale de Vasilyev de dimension $E \geq 2$, écrite sous forme d'intégrale de Sorokin, se développe en une série hypergéométrique multiple $\mathbf{S}_n$. Son sommande est une fraction rationnelle que l'on décompose en éléments simples pour obtenir

$$\mathbf{S}_n = \mathbf{p}_{0,n} + \sum_{\underline{j} \in J} \mathbf{p}_{\underline{j},n} \zeta(\underline{j}),$$

où J est un certain ensemble fini (ne dépendant pas de n) de s-uplets avec s variant entre 1 et E, et $\mathbf{p}_{\underline{j},n}$ sont des rationnels, ainsi que $\mathbf{p}_{0,n}$. Il est extrêmement difficile de décrire *précisément* l'ensemble J, c'est-à-dire de déterminer les $\underline{j}$ tels que $\mathbf{p}_{\underline{j},n} \neq 0$. Cependant, il est possible de déterminer un dénominateur commun aux rationnels $\mathbf{p}_{0,n}$ et $\mathbf{p}_{\underline{j},n}$, qui, dans ce cas, est d_n^E, comme on s'y attend *a priori*.

Par ailleurs, le théorème de Zudilin exprime $\mathbf{S}_n$ comme une série hypergéométrique très bien équilibrée S_n, qui vérifie :

$$S_n = p_{0,n} + \sum_{\substack{j=2 \\ j \equiv E \,(\mathrm{mod}\, 2)}}^{E} p_{j,n} \zeta(j),$$

où les rationnels $p_{j,n}$ admettent d_n^{E+1} comme dénominateur *a priori*. Ainsi, l'identité $\mathbf{S}_n = S_n$ devient :

$$\mathbf{p}_{0,n} + \sum_{\underline{j} \in J} \mathbf{p}_{\underline{j},n} \zeta(\underline{j}) = p_{0,n} + \sum_{\substack{j=2 \\ j \equiv E \,(\mathrm{mod}\, 2)}}^{E} p_{j,n} \zeta(j). \tag{17.3}$$

Il est donc tentant de se dire que l'on peut démontrer la conjecture des dénominateurs dans ce cas en comparant les coefficients des deux membres. Malheureusement, lorsque E est impair, c'est actuellement impossible pour deux raisons. La première est que nous ne savons pas encore montrer directement que $J = \{3, 5, \ldots, E\}$, même dans le cas le plus simple où $E = 3$. La deuxième est que même si on savait lever la première difficulté, on ne pourrait conclure que les coefficients rationnels coïncident que sous l'hypothèse que les valeurs de zêta aux entiers impairs sont toutes linéairement indépendantes sur $\mathbb{Q}$, ce qui, évidemment, est loin d'être avéré actuellement. Si E est pair, comme les valeurs de zêta aux entiers pairs sont en revanche bien linéairement indépendantes sur $\mathbb{Q}$, on pourrait éventuellement conclure si l'on savait montrer que $J = \{2, 4, \ldots, E\}$, mais c'est pour l'instant tout aussi impossible (sauf quand $E = 2$, voir le chapitre 16). Une manière de lever ces difficultés serait d'obtenir un analogue *fonctionnel* convenable de (17.3), car les propriétés d'indépendance linéaire sur $\mathbb{C}(z)$ des polylogarithmes $\mathrm{Li}_s(z)$ et de leurs versions multiples sont bien connues (voir [**23**, Theorem 4, paragraphe 5]). Dans cette direction, indiquons que Zudilin propose dans [**59**, Theorem 5, p. 224] une identité intégrale qui pourrait donner une version fonctionnelle de (17.3) de la forme souhaitée.

Bibliographie

[1] S. Ahlgren et K. Ono, *A Gaussian hypergeometric series evaluation and Apéry number congruences*, J. Reine Angew. Math. **518** (2000), 187–212.

[2] F. Amoroso, *Osservazioni su'll integrale "di Reyssat"*, manuscrit non publié.

[3] G. E. Andrews, *Problems and prospects for basic hypergeometric functions*, Theory and application of special functions, R. A. Askey, ed., Math. Res. Center, Univ. Wisconsin, Publ. No. 35, Academic Press, New York, pp. 191–224, 1975.

[4] G. E. Andrews, *The well-poised thread : an organized chronicle of some amazing summations and their implications*, Ramanujan J. **1**.1 (1997), 7–23.

[5] G. E. Andrews, R. A. Askey et R. Roy, *Special Functions*, The Encyclopedia of Mathematics and Its Applications, vol. 71, (G.-C. Rota, ed.), Cambridge University Press, Cambridge (1999).

[6] R. Apéry, *Irrationalité de $\zeta(2)$ et $\zeta(3)$*, Astérisque **61** (1979), 11–13.

[7] W. N. Bailey, *Generalized hypergeometric series*, Cambridge University Press, Cambridge, 1935.

[8] K. Ball et T. Rivoal, *Irrationalité d'une infinité de valeurs de la fonction zêta aux entiers impairs*, Invent. Math. **146**.1 (2001), 193–207.

[9] F. Beukers, *A note on the irrationality of $\zeta(2)$ and $\zeta(3)$*, Bull. London Math. Soc. **11** (1979), 268–272.

[10] F. Beukers, *Padé-approximations in number theory*, Padé approximation and its applications, Amsterdam 1980 (Amsterdam, 1980), pp. 90–99, Lecture Notes in Math. **888**, 1981.

[11] W. C. Chu et L. De Donno, *Hypergeometric Series and Harmonic Number Identities*, Adv. Appl. Math. **34** (2005), 123–137.

[12] H. Cohen, *Accélération de la convergence de certaines récurrences linéaires*, Sémin. Théor. Nombres 1980–1981, Exposé no.16, 2 p. (1981).

[13] S. B. Ekhad, programme disponible sur
http://www.math.rutgers.edu/~zeilberg/tokhniot/EKHAD8.

[14] L. Euler, *Meditationes circa singulare serierum genus*, Novi Comm. Acad. Sci. Petropol. **20** (1775), 140–186. Réédité dans *Opera Omnia*, ser. I, vol. 15, B. G. Teubner, Berlin, 1927, 217–267.

[15] S. Fischler, *Formes linéaires en polyzêtas et intégrales multiples*, C. R. Acad. Sci. Paris, Série. I Math. **335** (2002), 1–4.

[16] S. Fischler, *Irrationalité de valeurs de zêta (d'après Apéry, Rivoal, ...)*, Séminaire Bourbaki 2002–2003, exposé no. 910, Astérisque **294** (2004), 27–62.

[17] S. Fischler et T. Rivoal, *Approximants de Padé et séries hypergéométriques équilibrées*, J. Math. Pures Appl. **82**.10 (2003), 1369–1394.

[18] G. Gasper et M. Rahman, *Basic hypergeometric series*, Encyclopedia of Mathematics And Its Applications 35, Cambridge University Press, Cambridge, 1990.

[19] R. L. Graham, D. E. Knuth et O. Patashnik, *Concrete Mathematics*, Addison-Wesley, Reading, Massachusetts, 1989.

[20] L. A. Gutnik, *Irrationality of some quantities that contain $\zeta(3)$*, (en russe) Acta Arith. **42**.3 (1983), 255–264 ; trad. en anglais dans Amer. Math. Soc. Transl. (Ser. 2) **140** (1988), 45–55.

[21] G. H. Hardy et E. M. Wright, *An introduction to the theory of number theory*, 5ème édition, Oxford University Press, 1979.

[22] M. Hata, *Rational approximations to π and some other numbers*, Acta. Arith. **63** (1993), 335–349.

[23] Hoang Ngoc Minh, M. Petitot et J. Van Der Hoeven, *Shuffle algebra and polylogarithms*, Discrete Math. **225** (2000), 217–230.

[24] W. P. Johnson, *The curious history of Faà di Bruno's formula*, Amer. Math. Monthly **109**.3 (2002), 217–234.

[25] C. Krattenthaler, *HYP and HYPQ — Mathematica packages for the manipulation of binomial sums and hypergeometric series respectively q-binomial sums and basic hypergeometric series*, J. Symbol. Comput. **20** (1995), 737–744 ; les programmes sont disponibles sur http://igd.univ-lyon1.fr/~kratt.

[26] C. Krattenthaler et T. Rivoal, *Hypergéométrie et fonction zêta de Riemann*, version 3, http://arXiv.org/abs/math.NT/0311114v3.

[27] C. Krattenthaler et T. Rivoal, *An identity of Andrews, multiple integrals, and very-well-poised hypergeometric series*, à paraître au Ramanujan J. http://arXiv.org/abs/math.CA/0312148.

[28] C. Krattenthaler, T. Rivoal et W. Zudilin, *Séries hypergéométriques basiques, q-analogues des valeurs de la fonction zêta et séries d'Eisenstein*, à paraître au J. Inst. Math. Jussieu. http://arXiv.org/abs/math.NT/0311033.

[29] I. G. Macdonald, *Symmetric functions and Hall polynomials*, deuxième edition, Oxford University Press, New York/London, 1995.

[30] Yu. V. Nesterenko, *On the linear independence of numbers*, Vest. Mosk. Univ., Ser. I (1985), no. 1, 46–54 ; trad. en anglais dans Mosc. Univ. Math. Bull. **40**.1 (1985), 69–74.

[31] Yu. V. Nesterenko, *A few remarks on $\zeta(3)$*, (en russe) Mat. Zametki **59**.6 (1996), 865–880 ; trad. en anglais dans Math. Notes **59**.6 (1996), 625–636.

[32] Yu. V. Nesterenko, *Constructions of approximations to zeta-values*, (en russe), prépublication (2001).

[33] N. E. Nørlund, *Hypergeometric functions*, Acta Math. **94** (1955), 289–349.

[34] P. Paule et C. Schneider, *Computer proofs of a new family of harmonic numbers identities*, Adv. Appl. Math. **31** (2003), 359–378.

[35] M. Petkovšek, H. Wilf et D. Zeilberger, *A=B*, A. K. Peters, Wellesley, 1996.

[36] E. Reyssat, *Mesures de transcendance pour les logarithmes de nombres rationnels*, "Approximations diophantiennes et nombres transcendants" (Luminy, 1982), Progress in Mathematics, Birkhäuser (1983), 235–245.

[37] G. Rhin et C. Viola, *On a permutation group related to $\zeta(2)$*, Acta Arith. **77** (1996), 23–56.

[38] G. Rhin et C. Viola, *The group structure for $\zeta(3)$*, Acta Arith. **97**.3 (2001), 269–293.

[39] T. Rivoal, *La fonction zêta de Riemann prend une infinité de valeurs irrationnelles aux entiers impairs*, C. R. Acad. Sci. Paris, Série I Math. **331**.4 (2000), 267–270. http://arXiv.org/abs/math.NT/0008051.

[40] T. Rivoal, *Propriétés diophantiennes des valeurs de la fonction zêta de Riemann aux entiers impairs*, thèse de doctorat, Université de Caen (2001). http://theses-EN-ligne.in2p3.fr.

[41] T. Rivoal, *Irrationalité d'au moins un des neuf nombres $\zeta(5)$, $\zeta(7)$, ..., $\zeta(21)$*, Acta Arith. **103**.2 (2002), 157–167.

[42] T. Rivoal, *Nombres d'Euler, approximants de Padé et constante de Catalan*, à paraître au Ramanujan J. (2004).

[43] T. Rivoal et W. Zudilin, *Diophantine properties of numbers related to Catalan's constant*, Math. Ann. **326** (2003), 705–721.

[44] L. J. Slater, *Generalized hypergeometric functions*, Cambridge University Press, Cambridge, 1966.

[45] V. N. Sorokin, *Apéry's theorem*, Vestnik Moskov. Univ. Ser. I Mat. Mekh. no. 3 (1998), 48–52 ; trad. en anglais dans Moscow Univ. Math. Bull. no. 3 (1998), 48–52.

[46] V. N. Sorokin, *An algorithm for fast calculation of π^4*, prépublication, 59 pages, Moscou (2002) (en russe).

BIBLIOGRAPHIE

[47] O. N. Vasilenko, *Certain formulae for values of the Riemann zeta function at integral points*, Number theory and its applications, Proceedings of the science-theoretical conference (Tashkent, 1990), p. 27 (en russe).

[48] D. V. Vasilyev, *Some formulas for the Riemann zeta function at integer points*, Vestnik Moskov. Univ. Ser I Mat. Mekh. **51**.1 (1996), pp. 81–84, trad. en anglais dans Moscow Univ. Math. Bull. **51**.1 (1996), pp. 41–43.

[49] D. V. Vasilyev, *Approximations of zero by linear forms in values of the Riemann zeta-function*, Doklady Nat. Acad. Sci Belarus **45**.5 (2001), 36–40 (en russe). Version étendue en anglais : *On small linear forms for the values of the Riemann zeta-function at odd points*, prépublication no.1 (558), Nat. Acad. Sci. Belarus, Institute Math., Minsk (2001), 14 pages.

[50] M. Waldschmidt, *Valeurs zêtas multiples. Une introduction*, J. Théor. Nombres Bordeaux **12** (2000), 581–595.

[51] D. Zeilberger, *A fast algorithm for proving terminating hypergeometric identities*, Discrete Math. **80** (1990), 207–211.

[52] D. Zeilberger, *The method of creative telescoping*, J. Symbolic Comput. **11** (1991), 195–204.

[53] S. Zlobin, *Integrals presented as linear forms in generalized polylogarithms*, Mat. Zametki **71**.5 (2002), 782–787.

[54] W. Zudilin, *An elementary proof of Apéry's theorem*, prépublication, Moscou (2002). http://arXiv.org/abs/math.NT/0202159.

[55] W. Zudilin, *Well-poised hypergeometric service for diophantine problems of zeta values*, J. Théor. Nombres Bordeaux **15**.2 (2003), 593–626.

[56] W. Zudilin, *Arithmetic of linear forms involving odd zeta values*, J. Théor. Nombres Bordeaux **16** (2004), 251–291.

[57] W. Zudilin, *Irrationality of values of Riemann's zeta function*, Izv. Ross. Akad. Nauk Ser. Mat. **66**.3, 49–102 (2002) ; trad. en anglais dans Russian Acad. Sci. Izv. Math. **66**.3 (2002), 489–542.

[58] W. Zudilin, *A few remarks on linear forms involving Catalan's constant*, http://arXiv.org/abs/math.NT/0210423 ; version russe dans Chebyshev Sbornik (Tula State Pedagogical University) **3:2**(4) (2002), 60–70.

[59] W. Zudilin, *Well-poised hypergeometric transformations of Euler-type multiple integrals*, J. London Math. Soc. **70**.2 (2004), 215–230.

Editorial Information

To be published in the *Memoirs*, a paper must be correct, new, nontrivial, and significant. Further, it must be well written and of interest to a substantial number of mathematicians. Piecemeal results, such as an inconclusive step toward an unproved major theorem or a minor variation on a known result, are in general not acceptable for publication.

Papers appearing in *Memoirs* are generally at least 80 and not more than 200 published pages in length. Papers less than 80 or more than 200 published pages require the approval of the Managing Editor of the Transactions/Memoirs Editorial Board.

As of November 30, 2006, the backlog for this journal was approximately 12 volumes. This estimate is the result of dividing the number of manuscripts for this journal in the Providence office that have not yet gone to the printer on the above date by the average number of monographs per volume over the previous twelve months, reduced by the number of volumes published in four months (the time necessary for preparing a volume for the printer). (There are 6 volumes per year, each usually containing at least 4 numbers.)

A Consent to Publish and Copyright Agreement is required before a paper will be published in the *Memoirs*. After a paper is accepted for publication, the Providence office will send a Consent to Publish and Copyright Agreement to all authors of the paper. By submitting a paper to the *Memoirs*, authors certify that the results have not been submitted to nor are they under consideration for publication by another journal, conference proceedings, or similar publication.

Information for Authors

Memoirs are printed from camera copy fully prepared by the author. This means that the finished book will look exactly like the copy submitted.

Initial submission. The AMS uses Centralized Manuscript Processing for initial submissions. Authors should submit a PDF file using the Initial Manuscript Submission form found at www.ams.org/cgi-bin/peertrack/submission.pl, or send one copy of the manuscript to the following address: Centralized Manuscript Processing, MEMOIRS OF THE AMS, 201 Charles Street, Providence, RI 02904-2294 USA. If a paper copy is being forwarded to the AMS, indicate that it is for it Memoirs and include the name of the corresponding author, contact information such as email address or mailing address, and the name of an appropriate Editor to review the paper (see the list of Editors below).

The paper must contain a *descriptive title* and an *abstract* that summarizes the article in language suitable for workers in the general field (algebra, analysis, etc.). The *descriptive title* should be short, but informative; useless or vague phrases such as "some remarks about" or "concerning" should be avoided. The *abstract* should be at least one complete sentence, and at most 300 words. Included with the footnotes to the paper should be the 2000 *Mathematics Subject Classification* representing the primary and secondary subjects of the article. The classifications are accessible from www.ams.org/msc/. The list of classifications is also available in print starting with the 1999 annual index of *Mathematical Reviews*. The Mathematics Subject Classification footnote may be followed by a list of *key words and phrases* describing the subject matter of the article and taken from it. Journal abbreviations used in bibliographies are listed in the latest *Mathematical Reviews* annual index. The series abbreviations are also accessible from www.ams.org/publications/. To help in preparing and verifying references, the AMS offers MR Lookup, a Reference Tool for Linking, at www.ams.org/mrlookup/.

Electronically prepared manuscripts. The AMS encourages electronically prepared manuscripts, with a strong preference for $\mathcal{A}_{\mathcal{M}}\mathcal{S}$-LaTeX. To this end, the Society has prepared $\mathcal{A}_{\mathcal{M}}\mathcal{S}$-LaTeX author packages for each AMS publication. Author packages include instructions for preparing electronic manuscripts, samples, and a style file that generates the particular design specifications of that publication series. Though $\mathcal{AMS}$-LaTeX is the highly preferred format of TeX, author packages are also available in $\mathcal{AMS}$-TeX.

Authors may retrieve an author package from the AMS website starting from `www.ams.org/tex/` or via FTP to `ftp.ams.org` (login as `anonymous`, enter username as password, and type `cd pub/author-info`). The *AMS Author Handbook* and the *Instruction Manual* are available in PDF format following the author packages link from `www.ams.org/tex/`. The author package can also be obtained free of charge by sending email to `tech-support@ams.org` (Internet) or from the Publication Division, American Mathematical Society, 201 Charles St., Providence, RI 02904-2294, USA. When requesting an author package, please specify $\mathcal{AMS}$-LaTeX or $\mathcal{AMS}$-TeX and the publication in which your paper will appear. Please be sure to include your complete mailing address.

After acceptance. The final version of the electronic file should be sent to the Providence office (this includes any TeX source file, any graphics files, and the DVI or PostScript file) immediately after the paper has been accepted for publication.

Before sending the source file, be sure you have proofread your paper carefully. The files you send must be the EXACT files used to generate the proof copy that was accepted for publication. For all publications, authors are required to send a printed copy of their paper, which exactly matches the copy approved for publication, along with any graphics that will appear in the paper.

Accepted electronically prepared files can be submitted via the web at `www.ams.org/submit-book-journal/`, sent via FTP, or sent on CD-Rom or diskette to the Electronic Prepress Department, American Mathematical Society, 201 Charles Street, Providence, RI 02904-2294 USA. TeX source files, DVI files, and PostScript files can be transferred over the Internet by FTP to the Internet node `ftp.ams.org` (130.44.1.100). When sending a manuscript electronically via CD-Rom or diskette, please be sure to include a message identifying the paper as a Memoir.

Electronically prepared manuscripts can also be sent via email to `pub-submit@ams.org` (Internet). In order to send files via email, they must be encoded properly. (DVI files are binary and PostScript files tend to be very large.)

Electronic graphics. Comprehensive instructions on preparing graphics are available at `www.ams.org/jourhtml/`. A few of the major requirements are given here.

Submit files for graphics as EPS (Encapsulated PostScript) files. This includes graphics originated via a graphics application as well as scanned photographs or other computer-generated images. If this is not possible, TIFF files are acceptable as long as they can be opened in Adobe Photoshop or Illustrator. No matter what method was used to produce the graphic, it is necessary to provide a paper copy to the AMS.

Authors using graphics packages for the creation of electronic art should also avoid the use of any lines thinner than 0.5 points in width. Many graphics packages allow the user to specify a "hairline" for a very thin line. Hairlines often look acceptable when proofed on a typical laser printer. However, when produced on a high-resolution laser imagesetter, hairlines become nearly invisible and will be lost entirely in the final printing process.

Screens should be set to values between 15% and 85%. Screens which fall outside of this range are too light or too dark to print correctly. Variations of screens within a graphic should be no less than 10%.

Inquiries. Any inquiries concerning a paper that has been accepted for publication should be sent to `memo-query@ams.org` or directly to the Electronic Prepress Department, American Mathematical Society, 201 Charles St., Providence, RI 02904-2294 USA.

Editors

This journal is designed particularly for long research papers, normally at least 80 pages in length, and groups of cognate papers in pure and applied mathematics. Papers intended for publication in the *Memoirs* should be addressed to one of the following editors. The AMS uses Centralized Manuscript Processing for initial submissions to AMS journals. Authors should follow instructions listed on the Initial Submission page found at www.ams.org/memo/memosubmit.html.

Algebra to ALEXANDER KLESHCHEV, Department of Mathematics, University of Oregon, Eugene, OR 97403-1222; email: ams@noether.uoregon.edu

Algebra and its application to MINA TEICHER, Emmy Noether Research Institute for Mathematics, Bar-Ilan University, Ramat-Gan 52900, Israel; email: teicher@macs.biu.ac.il

Algebraic geometry to DAN ABRAMOVICH, Department of Mathematics, Brown University, Box 1917, Providence, RI 02912; email: amsedit@math.brown.edu

Algebraic number theory to V. KUMAR MURTY, Department of Mathematics, University of Toronto, 100 St. George Street, Toronto, ON M5S 1A1, Canada; email: murty@math.toronto.edu

Algebraic topology to ALEJANDRO ADEM, Department of Mathematics, University of British Columbia, Room 121, 1984 Mathematics Road, Vancouver, British Columbia, Canada V6T 1Z2; email: adem@math.ubc.ca

Combinatorics to JOHN R. STEMBRIDGE, Department of Mathematics, University of Michigan, Ann Arbor, Michigan 48109-1109; email: FRS@umich.edu

Complex analysis and harmonic analysis to ALEXANDER NAGEL, Department of Mathematics, University of Wisconsin, 480 Lincoln Drive, Madison, WI 53706-1313; email: nagel@math.wisc.edu

Differential geometry and global analysis to LISA C. JEFFREY, Department of Mathematics, University of Toronto, 100 St. George St., Toronto, ON Canada M5S 3G3; email: jeffrey@math.toronto.edu

Dynamical systems and ergodic theory to AMIE WILKINSON, Department of Mathematics, Northwestern University, 2033 Sheridan Road, Evanston, IL 60208-2730; email: transactions@math.northwestern.edu

Functional analysis and operator algebras to DIMITRI SHLYAKHTENKO, Department of Mathematics, University of California, Los Angeles, CA 90095; email: shlyakht@math.ucla.edu

Geometric analysis to WILLIAM P. MINICOZZI II, Department of Mathematics, Johns Hopkins University, 3400 N. Charles St., Baltimore, MD 21218; email: trans@math.jhu.edu

Geometric analysis to MLADEN BESTVINA, Department of Mathematics, University of Utah, 155 South 1400 East, JWB 233, Salt Lake City, Utah 84112-0090; email: bestvina@math.utah.edu

Harmonic analysis, representation theory, and Lie theory to ROBERT J. STANTON, Department of Mathematics, The Ohio State University, 231 West 18th Avenue, Columbus, OH 43210-1174; email: stanton@math.ohio-state.edu

Logic to STEFFEN LEMPP, Department of Mathematics, University of Wisconsin, 480 Lincoln Drive, Madison, Wisconsin 53706-1388; email: lempp@math.wisc.edu

Partial differential equations to GUSTAVO PONCE, Department of Mathematics, South Hall, Room 6607, University of California, Santa Barbara, CA 93106; email: ponce@math.ucsb.edu

Partial differential equations and dynamical systems to PETER POLACIK, School of Mathematics, University of Minnesota, Minneapolis, MN 55455; email: polacik@math.umn.edu

Probability and statistics to KRZYSZTOF BURDZY, Department of Mathematics, University of Washington, Box 354350, Seattle, Washington 98195-4350; email: burdzy@math.washington.edu

Real analysis and partial differential equations to DANIEL TATARU, Department of Mathematics, University of California, Berkeley, Berkeley, CA 94720; email: tataru@math.berkeley.edu

All other communications to the editors should be addressed to the Managing Editor, ROBERT GURALNICK, Department of Mathematics, University of Southern California, Los Angeles, CA 90089-1113; email: guralnic@math.usc.edu.

Titles in This Series

875 **C. Krattenthaler and T. Rivoal**, Hypergéométrie et fonction zêta de Riemann, 2007

874 **Sonia Natale**, Semisolvability of semisimple Hopf algebras of low dimension, 2007

873 **A. J. Duncan**, Exponential genus problems in one-relator products of groups, 2007

872 **Anthony V. Geramita, Tadahito Harima, Juan C. Migliore, and Yong Su Shin**, The Hilbert function of a level algebra, 2007

871 **Pascal Auscher**, On necessary and sufficient conditions for L^p-estimates of Riesz transforms associated to elliptic operators on $\mathbb{R}^n$ and related estimates, 2007

870 **Takuro Mochizuki**, Asymptotic behaviour of tame harmonic bundles and an application to pure twistor D-modules, Part 2, 2007

869 **Takuro Mochizuki**, Asymptotic behaviour of tame harmonic bundles and an application to pure twistor D-modules, Part 1, 2007

868 **Gelu Popescu**, Entropy and multivariable interpolation, 2006

867 **Vilmos Totik**, Metric properties of harmonic measures, 2006

866 **William Craig**, Semigroups underlying first-order logic, 2006

865 **Nathanial P. Brown**, Invariant means and finite representation theory of $C*$-algebras, 2006

864 **John M. Lee**, Fredholm operators and Einstein metrics on conformally compact manifolds, 2006

863 **M. Lübke and A. Teleman**, The Universal Kobayashi-Hitchin correspondence on Hermitian manifolds, 2006

862 **Alberto Canonaco**, The Beilinson complex and canonical rings of irregular surfaces, 2006

861 **Leon A. Takhtajan and Lee-Peng Teo**, Weil-Petersson metric on the universal Teichmüller space, 2006

860 **Thomas M. Fiore**, Pseudo limits, biadjoints and pseudo algebras: Categorical foundations of conformal field theory, 2006

859 **N. Arcozzi, R. Rochberg, and E. Sawyer**, Carleson measures and interpolating sequences for Besov spaces on complex balls, 2006

858 **Enrico Valdinoci, Berardino Sciunzi, and Vasile Ovidiu Savin**, Flat level set regularity of p-Laplace phase transitions, 2006

857 **Donatella Danielli, Nocola Garofalo, and Duy-Minh Nhieu**, Non-doubling Ahlfors measures, perimeter measures, and the characterization of the trace spaces of Sobolev functions in Carnot-Carathéodory spaces, 2006

856 **Vladimir Bolotnikov and Harry Dym**, On boundary interpolation for matrix valued Schur functions, 2006

855 **Yevgenia Kashina, Yorck Sommerhäuser, and Yongchang Zhu**, On higher Frobenius-Schur indicators, 2006

854 **Noam Greenberg**, The role of true finiteness in the admissible recursively enumerable degrees, 2006

853 **Joachim Krieger**, Stability of spherically symmetric wave maps, 2006

852 **Viorel Barbu, Irena Lasiecka, and Roberto Triggiani**, Tangential boundary stabilization of Navier-Stokes equations, 2006

851 **Jie Wu**, On maps from loop suspensions to loop spaces and the shuffle relations on the Cohen groups, 2006

850 **Siegfried Echterhoff, S. Kaliszewski, John Quigg, and Iain Raeburn**, A categorical approach to imprimitivity theorems for C^*-dynamical systems, 2006

849 **Katsuhiko Kuribayashi, Mamoru Mimura, and Tetsu Nishimoto**, Twisted tensor products related to the cohomology of the classifying spaces of loop groups, 2006

848 **Bob Oliver**, Equivalences of classifying spaces completed at the prime two, 2006

TITLES IN THIS SERIES

847 **Eric T. Sawyer and Richard L. Wheeden,** Hölder continuity of weak solutions to subelliptic equations with rough coefficients, 2006

846 **Victor Beresnevich, Detta Dickinson, and Sanju Velani,** Measure theoretic laws for lim–sup sets, 2006

845 **Ehud Friedgut, Vojtech Rödl, Andrzej Ruciński, and Prasad V. Tetali,** A Sharp threshold for random graphs with a monochromatic triangle in every edge coloring, 2006

844 **Amadeu Delshams, Rafael de la Llave, and Tere M. Seara,** A geometric mechanism for diffusion in Hamiltonian systems overcoming the large gap problem: Heuristics and rigorous verification on a model, 2006

843 **Denis V. Osin,** Relatively hyperbolic groups: Intrinsic geometry, algebraic properties, and algorithmic problems, 2006

842 **David P. Blecher and Vrej Zarikian,** The calculus of one-sided M-ideals and multipliers in operator spaces, 2006

841 **Enrique Artal Bartolo, Pierrette Cassou-Noguès, Ignacio Luengo, and Alejandro Melle Hernández,** Quasi-ordinary power series and their zeta functions, 2005

840 **Sławomir Kołodziej,** The complex Monge-Ampère equation and pluripotential theory, 2005

839 **Mihai Ciucu,** A random tiling model for two dimensional electrostatics, 2005

838 **V. Jurdjevic,** Integrable Hamiltonian systems on complex Lie groups, 2005

837 **Joseph A. Ball and Victor Vinnikov,** Lax-Phillips scattering and conservative linear systems: A Cuntz-algebra multidimensional setting, 2005

836 **H. G. Dales and A. T.-M. Lau,** The second duals of Beurling algebras, 2005

835 **Kiyoshi Igusa,** Higher complex torsion and the framing principle, 2005

834 **Keníchi Ohshika,** Kleinian groups which are limits of geometrically finite groups, 2005

833 **Greg Hjorth and Alexander S. Kechris,** Rigidity theorems for actions of product groups and countable Borel equivalence relations, 2005

832 **Lee Klingler and Lawrence S. Levy,** Representation type of commutative Noetherian rings III: Global wildness and tameness, 2005

831 **K. R. Goodearl and F. Wehrung,** The complete dimension theory of partially ordered systems with equivalence and orthogonality, 2005

830 **Jason Fulman, Peter M. Neumann, and Cheryl E. Praeger,** A generating function approach to the enumeration of matrices in classical groups over finite fields, 2005

829 **S. G. Bobkov and B. Zegarlinski,** Entropy bounds and isoperimetry, 2005

828 **Joel Berman and Paweł M. Idziak,** Generative complexity in algebra, 2005

827 **Trevor A. Welsh,** Fermionic expressions for minimal model Virasoro characters, 2005

826 **Guy Métivier and Kevin Zumbrun,** Large viscous boundary layers for noncharacteristic nonlinear hyperbolic problems, 2005

825 **Yaozhong Hu,** Integral transformations and anticipative calculus for fractional Brownian motions, 2005

824 **Luen-Chau Li and Serge Parmentier,** On dynamical Poisson groupoids I, 2005

823 **Claus Mokler,** An analogue of a reductive algebraic monoid whose unit group is a Kac-Moody group, 2005

822 **Stefano Pigola, Marco Rigoli, and Alberto G. Setti,** Maximum principles on Riemannian manifolds and applications, 2005

For a complete list of titles in this series, visit the AMS Bookstore at **www.ams.org/bookstore/**.